现代数学基础

72

从三角形内角和谈起

■ 虞言林

高等教育出版社·北京

图书在版编目（CIP）数据

从三角形内角和谈起 / 虞言林著 . -- 北京 : 高等教育出版社 , 2021.3

ISBN 978-7-04-055072-6

I. ①从… II. ①虞… III. ①指标定理 - 研究 IV. ① O175

中国版本图书馆 CIP 数据核字（2020）第 182198 号

CONG SANJIAOXING NEIJIAOHE TANQI

策划编辑 李 鹏　　责任编辑 李 鹏　　封面设计 张 楠　　版式设计 王艳红
责任校对 陈 杨　　责任印制 刘思涵

出版发行 高等教育出版社
社　　址 北京市西城区德外大街4号
邮政编码 100120
印　　刷 三河市华润印刷有限公司
开　　本 787mm × 1092mm 1/16
印　　张 7
字　　数 100 千字
购书热线 010-58581118
咨询电话 400-810-0598

网　　址 http://www.hep.edu.cn
http://www.hep.com.cn
网上订购 http://www.hepmall.com.cn
http://www.hepmall.com
http://www.hepmall.cn

版　　次 2021 年 3 月第 1 版
印　　次 2021 年 3 月第 1 次印刷
定　　价 59.00 元

物 料 号 55072-00

目录

第一章　内角和定理与高斯—博内公式

§1.1　三角形的内角和定理

公元前 400 多年古希腊有一个著名的毕达哥拉斯学派. 他们在数学上有许多重要的发现. 其中的两个是很出名的: 一个是毕达哥拉斯定理, 那是说直角三角形的两直角边的平方和等于斜边的平方; 另一个是三角形的三内角之和等于 180°. 关于三内角之和的这条定理, 现今几乎是家喻户晓了, 因为每个初中学生都知道它. 由于这个定理陈述起来很简单, 便于记忆, 加之学校里的老师通常不用这个定理去为难学生, 因此人们想起它时总觉得有点可爱. 它的这么一点可爱性, 恐怕和下面这件事有点联系. 数学大师陈省身先生精心考察中国古代数学之后, 发现在中国古算术中竟然没有 "三内角之和等于 180°" 这一条定理, 也没有它的类似物. 想一想比这个定理难得多的勾股定理 (即前面提到过的毕达哥拉斯定理) 可以在中国古代的《九章算术》一书中找到, 但三内角和定理却找不到, 这不是很奇怪吗? 陈先生认为那是 "中国数学都偏应用" 所致. 这表明这个定理自古就没有什么应用, 致使我们的祖先 "理所当然" 地把它忽略了, 而且老师们也不大容易用它来考学生.

但是历史是不会忘记这条定理的. 19 世纪初出现了富于革命性

的数学发现, 即非欧几何学的发现. 它否定了经典几何中平行公理的先天必然性. 这个发现与三内角和定理有着密切的联系. 欧氏几何与非欧几何的差别可以反映在它们各自具有的不同的三内角和定理上. 从理论的形成、发展上讲, 三内角和定理确实非常重要. 这本小册子就先来说说这条定理, 以后再谈谈有关的数学演变与发展.

如果以弧度为单位, 三内角和定理就是说: 对于平面上任何一个三角形, 若记 α, β, γ 为它的三个内角, 则

$$\alpha+\beta+\gamma=\pi,$$

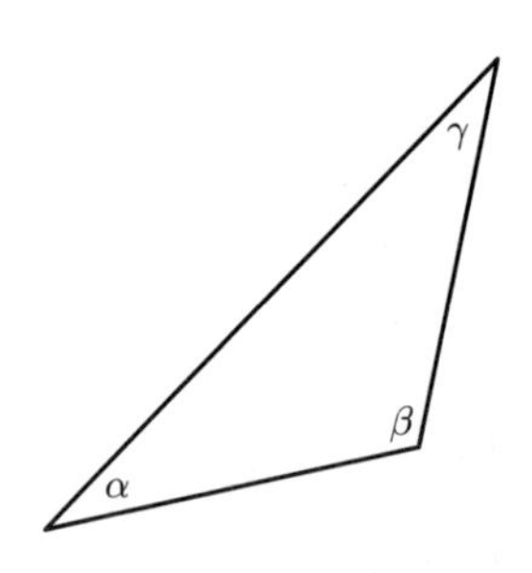

这里的 π 就是圆周率 $3.14159\cdots$.

值得注意的是: α, β, γ 因三角形不同而取不同的值, 故它们是千变万化的. 但是定理中的等式宣称 $\alpha+\beta+\gamma$ 的值是不变的, 它就等于 π. 这道出了一个 “万变” 不离其宗的事实. 这里的 “宗” 就是 π.

对于平面上凸 n 边形的情形, 定理是怎样的呢? 容易知道, 凸 n 边形的内角和是 $(n-2)\pi$. 换句话说, 它的外角和是 2π. 人们可以将多边形剖分为若干个三角形, 对每个三角形用上面的等式 $\alpha+\beta+\gamma=\pi$ 便可求得凸 n 边形的内角和. 我们在此就不细说了. 不过现在要提醒大家: 为说清同一件事, 用外角和的说法比用内角和的说法好. 这是因为 2π 是常数而 $(n-2)\pi$ 则随着 n 一起变化. 可见外角和的概念比内角和更具有万变中的 “不变性”. 于是在以后的讨论中, 它就取代内角和的地位了.

下一步来考察平面上较一般的多边形 (其内没有洞的多边形), 试问相应的定理该是什么样子呢? 我们不妨画一个如下所示的多边形 (它不是一个凸多边形).

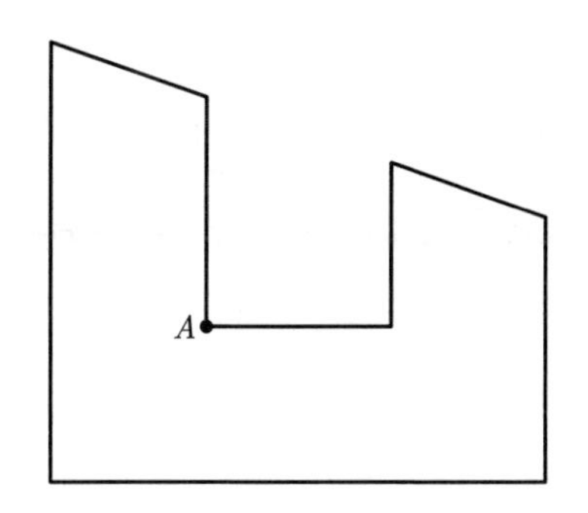

首先我们就面临着一个新问题, 即如何定义在 A 点处的 "外角"? 接着当然就要验证是否还有 "外角" 和的公式. 经过试探, 人们定义一种 "转角" 的概念以取代 "外角", 并证明一个转角和的公式.

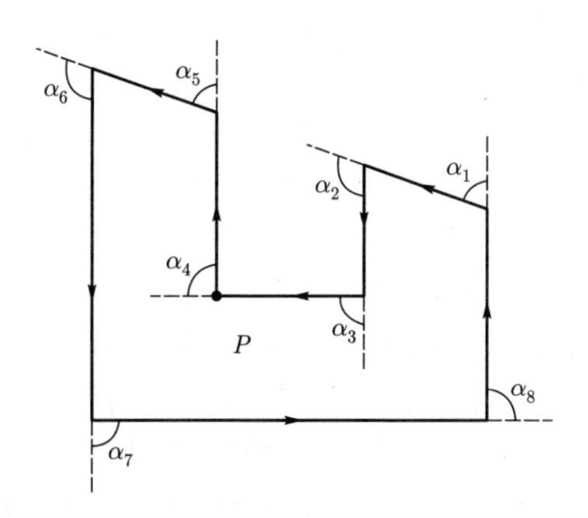

如前所说, 在平面上画一个凹多边形 P 如上图. 首先对多边形的边界折线选定一个方向, 使得一个人按此方向在边界折线上行走时, 多边形永远在左侧 (这和运动场上赛跑的方向一样). 沿着有向边界线行走时, 在 8 个顶点处记下拐弯角 $\alpha_1, \alpha_2, \cdots, \alpha_8$ (如图所示), 其中 $\alpha_i \in (0, \pi)$ (注意这里的 α_i 是用量角器量出的角度, 它们自然地属于区间 $(0, \pi)$; 这样的取值法不能小视, 因为一个角的角度是多值的, 通常差一个 2π 的整数倍是没有关系的, 但在这里却只取一值). 我们对向左拐弯的角取正值, 向右拐弯的角取负值. 于是在图中 8 个顶点处记下带有正负号的 8 个角度 α_1, α_2, $-\alpha_3$, $-\alpha_4$, α_5, α_6, α_7, α_8. 它们就称为在 8 个顶点处的转角. 有了转角的概念, 我们就去寻求

转角和的公式. 如果求得的公式相当地美好, 人们就会认为它是公式 $\alpha+\beta+\gamma=\pi$ 的推广. 事实上我们不难证明下列转角和公式:

定理 对于平面上的 (连通, 不含洞的) 多边形 P,

$$A(P)=2\pi,$$

其中 $A(P)$ 是 P 的转角和.

上面这个定理的证明是容易的. 可以将 P 分割成一些凸多边形之和, 再利用凸多边形的外角和定理即可证得. 这个定理其实也是很直观的. 设想一位运动员肩上扛着标枪, 沿着多边形场地的边界跑一圈, 回到出发点, 并且身体的姿态也回复原先状态, 那么肩上的标枪在水平方向上转了 2π. 这就是上述定理的实在含义. 转角概念的字面含义也充分体现出来了.

但是在上面定义转角时, 有些粗暴牵强的地方. 首先为什么要那样来选定边界折线的方向呢? 假如早先的奥运会上规定赛跑的方向和现今的不同, 那我们不就没有足够的理由像上面那样来选定边界的方向了. 其次为什么要硬性规定向左拐弯的角取正值, 向右拐弯的角取负值呢? 明智的让步是值得提倡的. 也就是说边界折线的方向可以随意选定, 但是规定拐弯角正、负的办法要和边界折线方向的取法相协调, 以保证在任何一个顶点处的 “转角” 值不受影响. 具体来说, 如果选定边界折线的方向, 使沿此方向行走时多边形总在右侧, 那么规定向右拐弯的角取正值, 向左拐弯的角取负值. 这样一来, 无论怎样取边界折线的方向, 转角总是同一值. 于是多边形在一个顶点处的转角就确切定义了. 也许我们在此值得提醒大家注意: 在上述讨论中有三个观念, 即边界折线的方向之选取, 拐弯角的正负之规定, 以及它们的协调性关系. 这三个观念在高维空间的推广就构成数学中 “定向” 观念的最核心的内容. 我们以后将会重提这个 “定向” 的话题.

对于平面上最一般的多边形 P (这种多边形可以有洞, 也可以分成若干块), 是不是也有一个转角和公式呢? 稍稍试一试, 便知确实有这样一个公式, 它就是下列

定理 设 P 是平面上一个最一般的多边形, 它有 m 块, 并含 h

个洞, 则 P 的转角和 $A(P)$ 满足下列公式

$$A(P) = 2\pi(m - h).$$

这个定理是容易证明的, 它和公式 $\alpha + \beta + \gamma = \pi$ 一样初等. 假如它出现在欧几里得的《几何原本》之中, 人们一点也不会感到奇怪.

§1.2 欧拉数——奇妙的交错和

上一节介绍的三内角和公式及其推广可以看作欧氏几何中初等而又美丽的一个章节, 于是上节末的那个公式可算得上与欧几里得同龄了. 可是后来的两千年里它却纹丝未改. 直到 1750 年欧拉数的问世, 人们对那个公式的右端 $2\pi(m - h)$ 才有了一个新的认识. 这种新的认识, 在数学的发展中通常是非常重要的. 一些新观念的产生, 常常会风驰电掣般地把数学推到一个又一个新的高潮. 我们在后面将谈到数学史中一些激动人心的进展, 它们都是由一些新的观念、新的认识引起的. 在这本小册子谈及的新观念的进步中, 欧拉数当属先河.

欧拉是历史上少有的数学大家, 他在 1750 年发表了一个结果, 那就是: 对于三维空间中任何闭的凸多面体, 如果它的顶点数、棱数和面数分别是 V, E, F, 则有等式

$$V - E + F = 2.$$

1751 年欧拉给出上述公式的一个证明. 1811 年柯西给出了另一个证明, 现在我们就来谈谈柯西的证明. 容易知道闭的凸多面体的表面与球面是同胚的, 即可以找到一个从多面体表面到球面的映射, 使得这个映射有逆映射, 并且它们都是连续的. 通常把这个映射叫作同胚映射. 借助同胚映射, 我们将多面体的表面与球面等同起来. 多面体的顶点、棱和面就成为球面上的点、弯曲的棱以及奇形怪状的曲面片. 于是球面是点、弯曲的棱和曲面片的并. 换句话说, 我们得到了球面的一个剖分. 这个剖分有一个特点, 那就是: 虽然球面上的棱、面可以奇形怪状, 但是它们都可以在自身收缩成一个点. 现在我们在球面上挖去一个 (开) 面 (即不带边的面). 把剩下的部分铺在平面上, 得到一个剖分的弯曲的多边形.

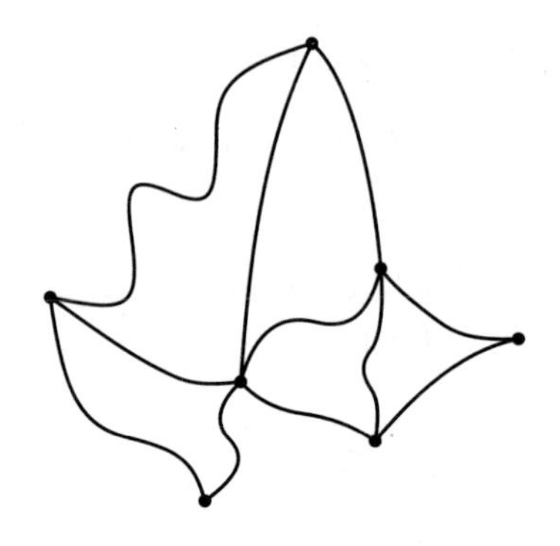

我们只要能证明对于这种平面上的弯曲多边形 (如上图), 它的 $V-E+F$ 等于 1 就行了. 首先我们在这个多边形上找一个面和一条既在此面又在多边形边界上的棱, 同时抹掉这个 (开) 面与这条 (开) 棱, 于是便得到一个新的弯曲多边形. 易见这个新的多边形的 $V-E+F$ 和原先的一样. 具体说, 面与棱的个数 F, E 同时少 1 而 V 不变. 将这样的操作继续下去, 直到我们抹去了所有的面. 这时只剩下顶点与棱构成的网络. 这个网络必是连通的, 无圈的. 正如下图所示. 接着我们抹掉作为网络末端的一个顶点和一个连接此顶点的棱, 得到一个更小的网络, 而它的 $V-E+F$ 依旧未变. 这种操作再继续下去, 最后得到只有一个点组成的网络. 这个单点网络的 $V-E+F$ 显然是 1, 于是欲证的结论成立. 欧拉的那个等式也就成立了.

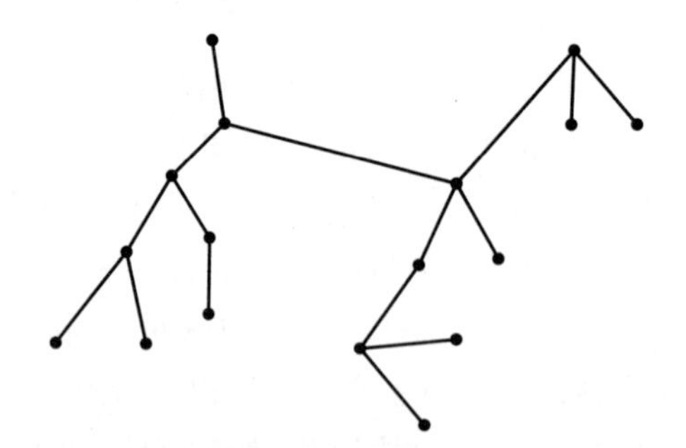

欧拉定理其实断言了这样一个事实: 对于球面的任何一个剖分, 它的 $V-E+F$ 总是 2. 想一想球面的剖分是非常多的, 不同的剖分可具有不同的 V, E, F, 而数 $V-E+F$ 是一个不变的常数, 这真是令人惊奇. 究其原因很可能是数 $V-E+F$ 的特殊构成法, 即

它是 V, E, F 的交错和. 大家不妨试一试这种交错和在非球面的其他情形 (例如 §1.1 中谈过的最一般的多边形 P) 下取值的规律. 容易发现这种交错和只与空间 (或图形) 有关, 而与空间 (或图形) 的剖分无关. 这个发现显示了交错和的奇妙性. 后来人们把这种交错和叫作欧拉数. 具体定义如下: 设 M 是一个空间, 它的一个单纯剖分是指它被分成有限个小块之和, 并满足下列性质 (i) 与 (ii):

(i) 每一个小块皆是一个闭的单形. 一个零维闭单形是一个点, 一维单形是线段, 二维单形是三角形, 三维单形是四面体, 等等;

(ii) 剖分中的任意两个单形之交或是空集, 或是一个单形.

对于 M 的一个单纯剖分, 数一数它的各个维数单形的个数. 如 m 维单形共 C_m 个, 则令 $\sum\limits_{m\geqslant 0}(-1)^m C_m$ 就是 M 的欧拉数, 并记作 $\chi(M)$. 不难证明 $\chi(M)$ 与 M 的单纯剖分的选取无关, 即换一个剖分, 算出的交错和不变. 在这里我们需要解释一下, 如何数 m 维单形的个数. 例如 M 剖分为下列三角形.

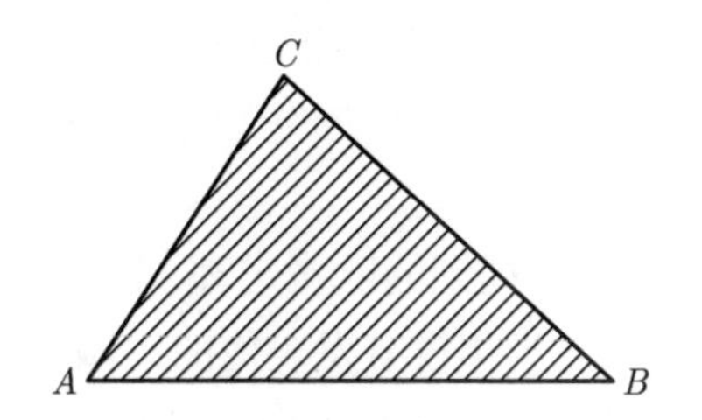

如果以为 M 中就是这么一个三角形, 而没有零维、一维单形, 那就不对了. 实际上这个剖分中二维单形有一个, 它就是 $\triangle ABC$; 一维单形有三个, 它们是 $\overline{AB}$, $\overline{BC}$, $\overline{CA}$; 零维单形有三个, 它们是 A, B, C. 这个例子告诉我们, 算剖分中单形个数时, 实际是算开单形 (不包含边的单形) 的个数. 对更复杂的剖分, 请按类似的原则来算. 大家不妨来算一算下列平面图形的欧拉数.

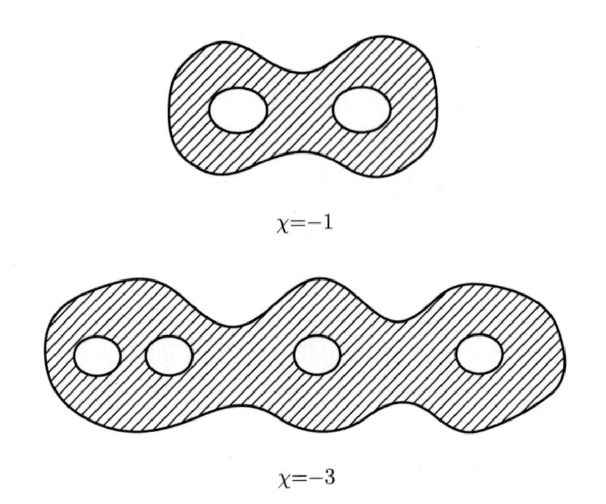

$\chi=-1$

$\chi=-3$

容易算出它们分别是 -1 与 -3. 对于平面上一般的多边形 P (有 m 块, h 个洞), 则易知它的欧拉数是 $m-h$. 这样一来, §1.1 中的最后一个定理断言了下列公式

$$A(P)=2\pi\cdot\chi(P),$$

其中 $\chi(P)$ 是 P 的欧拉数. 尽管这个公式与 §1.1 中的公式是等价的, 但是存在的形式差别却标志着人类的文明已从欧几里得时代进入两千年以后的欧拉时代了.

奇妙的交错和与前面提到的欧拉定理, 其实早在 1639 年就被笛卡儿发现了, 可是笛卡儿当年没有发表他的手稿. 过了一百多年, 欧拉为了解决正多面体的分类, 重新发现并公布了这个交错和定理.

§1.3　欧拉数的组合刻画与高斯—博内公式

在 §1.1 中我们证明各种外角和定理时, 采用了同一个办法. 那就是将所讨论的多边形 P 分成许多小三角形, 对每个小三角形用 $\alpha+\beta+\gamma=\pi$ 这一公式, 而后综合以得到定理. 这表明欲证的等式其实是小三角形上相应等式经 "组合" 而成的. 这一节给出的欧拉数的刻画从本质上阐明了这种 "组合" 的真正含义.

按照欧拉数的构成法, 我们知道它是从剖分算出来的数. 如果一个空间 M 带有剖分 K, 我们令 $\chi(K)$ 为从剖分 K 算出的那个交错和. 设 K_1 与 K_2 分别是两个空间 M_1, M_2 的单纯剖分. 如果在空间 $M_1 \cup M_2$ 上有一个单纯剖分 K, 使得 K 限制在 M_1, M_2 上分别是 K_1, K_2, 那么我们记 $K = K_1 \cup K_2$. 类似地, 如果在 $M_1 \cap M_2$ 上有一个单纯剖分 L, 使得 K_1, K_2 分别限制在 $M_1 \cap M_2$ 皆是 L, 则记 $L = K_1 \cap K_2$.

引理　设 φ 是一个依赖于单纯剖分的函数, 如果满足对于任意的 K_1, K_2, 当 $K_1 \cup K_2, K_1 \cap K_2$ 有意义时, 有

(i) $\varphi(K_1) + \varphi(K_2) = \varphi(K_1 \cup K_2) + \varphi(K_1 \cap K_2)$;

(ii) 若 K 是一个单形 (自然地看成单纯剖分), $\varphi(K) = 1$,

则 $\varphi(K) = \chi(K)$, 其中 $\chi(K)$ 是欧拉数.

证明　显然 $\chi(K)$ 满足上述 (i), (ii). 令 $\Phi(K) = \varphi(K) - \chi(K)$. 易见 Φ 满足

(1) $\Phi(K_1) + \Phi(K_2) = \Phi(K_1 \cup K_2) + \Phi(K_1 \cap K_2)$,

(2) $\Phi(\sigma) = 0$, 其中 σ 是单形.

又易知存在有限个单形 $\sigma_1, \cdots, \sigma_N$ 使得 $K = \sigma_1 \cup \cdots \cup \sigma_N$. 由 (1) 可推得

$$
\begin{aligned}
\Phi(\sigma_1 \cup \sigma_2) &= \Phi(\sigma_1) + \Phi(\sigma_2) - \Phi(\sigma_1 \cap \sigma_2), \\
\Phi(\sigma_1 \cup \sigma_2 \cup \sigma_3) &= \Phi(\sigma_1) + \Phi(\sigma_2 \cup \sigma_3) - \Phi(\sigma_1 \cap (\sigma_2 \cup \sigma_3)) = \cdots \\
&= \Phi(\sigma_1) + \Phi(\sigma_2) + \Phi(\sigma_3) \\
&\quad - \Phi(\sigma_1 \cap \sigma_2) - \Phi(\sigma_2 \cap \sigma_3) - \Phi(\sigma_1 \cap \sigma_3) \\
&\quad + \Phi(\sigma_1 \cap \sigma_2 \cap \sigma_3), \\
\Phi(\sigma_1 \cup \cdots \cup \sigma_N) &= \sum_{i=1}^{N} \Phi(\sigma_i) - \sum_{i,j\ \text{互不同}} \Phi(\sigma_i \cap \sigma_j) \\
&\quad + \sum_{i,j,k\ \text{互不同}} \Phi(\sigma_i \cap \sigma_j \cap \sigma_k) - \cdots .
\end{aligned}
$$

又由于 σ_i, $\sigma_i \cap \sigma_j$, $\sigma_i \cap \sigma_j \cap \sigma_k$, $\cdots$ 皆是单形, 故由 (ii) 得 $\Phi(K) = \Phi(\sigma_1 \cup \cdots \cup \sigma_N) = 0$. □

现在我们用这个引理来证明 §1.2 中的公式

$$A(P)=2\pi\cdot\chi(P).$$

设 K 是 P 的一个剖分，使得剖分中的单形皆是平面上平直的线段、三角形或点. 令 $\varphi(K)=\dfrac{1}{2\pi}A(P)$. 容易验证这里定义的 φ 满足上述引理的 (i). 而 (ii) 恰又是公式 $\alpha+\beta+\gamma=\pi$ 的变形. 所以由引理推得

$$A(P)=2\pi\cdot\varphi(K)=2\pi\cdot\chi(K)=2\pi\cdot\chi(P).$$

至此, 我们可以这样设想: 寻求各种满足本节引理要求 (i), (ii) 的 φ, 就是对三内角和公式做推广. 实际上人们已经造出了许多不同类型的 φ, 得到了三内角和公式的许多推广. 在这些推广中包含了高斯—博内公式、霍普夫指数和公式以及别的一些有趣的公式.

现在我们简单地介绍一个特殊的 φ, 它很像 $A(P)$, 从它得到的公式是曲面上的高斯—博内公式, 这里我们讨论的多边形 P 不是在平面上而是在一个曲面 M 上.

我们先来考察 M 是球面这一特别情形. 这时 $M=S^2(R)$, 它是三维欧氏空间 $\mathbb{R}^3$ 中以 R 为半径的球面.

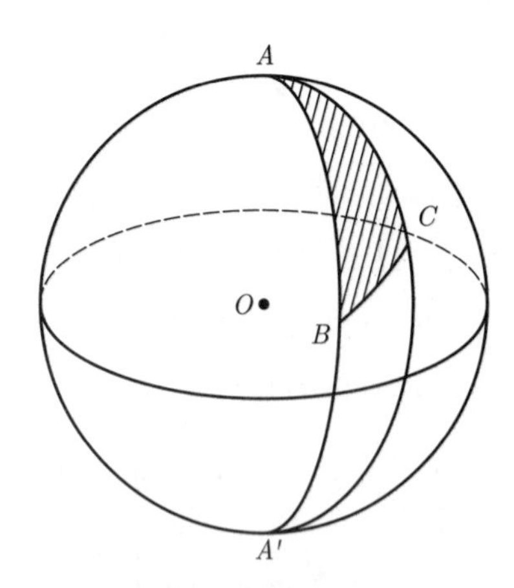

如果球面上的 $\triangle ABC$ 理解为平面上三角形的自然推广, 那么就要求 $\widehat{AB}$, $\widehat{BC}$, $\widehat{CA}$ 是极短弧. 这里 “极短” 的特性可以表示为该弧与球心在同一平面上. 如果球面三角形的三内角分别是 α, β, γ, 我

们要来求 $\alpha+\beta+\gamma$ 之值.

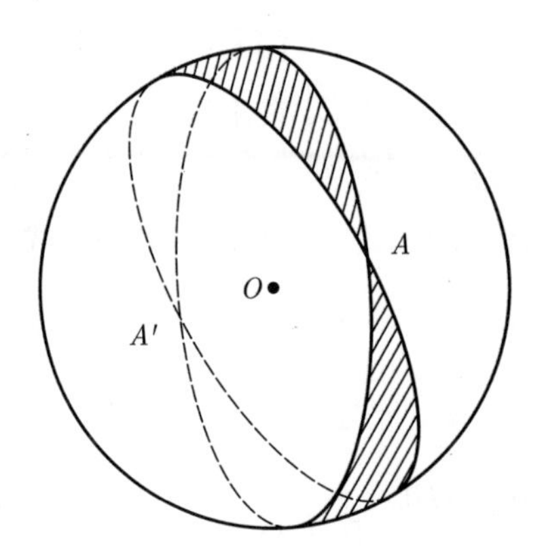

将球切两刀, 每一刀都经过球心 O 并经过 A 点 (自然经过 A 的对径点 A'), 使得切下的某对顶的两片月牙面在 A 点处的顶角为 α. 易见这两片对顶的月牙面的面积是球面面积的 $\dfrac{\alpha}{\pi}$ 倍. 由于这两片月牙形以 A 为顶点, 以 α 为顶角, 故把它们记为 $[A;\alpha]$. 当球面上给定三角形之后, 我们有三对对顶的月牙形 $[A;\alpha]$, $[B;\beta]$, $[C;\gamma]$. 若以 $[M]$ 记球面 M 的面积, 那么

$$[A;\alpha],\ [B;\beta]\ 和\ [C;\gamma]\ 的面积之和 = \frac{\alpha+\beta+\gamma}{\pi}[M].$$

考察 $[A;\alpha]$, $[B;\beta]$, $[C;\gamma]$ 覆盖在球面上的情形, 容易看出球面上除去 $\triangle ABC$ 与它的对径 $\triangle A'B'C'$ 之外, 各点均被覆盖一次. 而在 $\triangle ABC$, $\triangle A'B'C'$ 内各点均被覆盖三次. 于是有下列的面积等式

$$[A;\alpha]+[B;\beta]+[C;\gamma]=[M]+4\triangle ABC,$$

这个公式中的 $\triangle ABC$ 是三角形的面积. 由此可知

$$\frac{\alpha+\beta+\gamma}{\pi}[M]=[M]+4\triangle ABC,$$

或

$$\alpha+\beta+\gamma=\pi+\frac{4\pi}{[M]}\cdot\triangle ABC.$$

注意到球面的面积 $[M]$ 是 $4\pi R^2$, 所以我们就有下列的三内角和公式

$$\alpha+\beta+\gamma=\pi+\frac{\triangle ABC}{R^2}.$$

当 M 不是球面而是一般的曲面时, 大学里的微分几何课程告诉我们: 在曲面 M 的每一个点 x 处有一个数 $k(x)$, 叫作高斯曲率. 这个 $k(x)$ 刻画曲面在 x 点处的弯曲情形. 在半径为 R 的球面上, $k(x)=\dfrac{1}{R^2}$. 在马鞍面的鞍点处, $k(x)<0$. 对于一般曲面 M 上的 $\triangle ABC$, 先可以设想它的三条边都是 "测地线". 这时内角和的公式可以想见为

$$\alpha+\beta+\gamma=\int_{\triangle ABC}k(x)dx+\pi.$$

如果用 "转角和" 的语言, 上式可变为

$$A(\triangle ABC)+\int_{\triangle ABC}k(x)dx=2\pi,$$

其中 $A(\triangle ABC)$ 表示 $\triangle ABC$ 在各顶点处的转角之和. 易知它适合下列计算

$$A(\triangle ABC)=(\pi-\alpha)+(\pi-\beta)+(\pi-\gamma)=3\pi-(\alpha+\beta+\gamma).$$

对于三边不是测地线的 $\triangle ABC$, 上面的公式需做修改. 等式左端需加一项

$$total\ geo.\ cur.\ (\triangle ABC),$$

它的意义是三角形边界上的 "测地总曲率". 这时的公式是

$$A(\triangle ABC)+total\ geo.\ cur.\ (\triangle ABC)+\int_{\triangle ABC}k(x)dx=2\pi.$$

若令

$$\begin{aligned}&\varphi(\triangle ABC)\\&=\frac{1}{2\pi}\left\{A(\triangle ABC)+total\ geo.\ cur.\ (\triangle ABC)+\int_{\triangle ABC}k(x)dx\right\},\end{aligned}$$

并将 φ 推广到曲面 M 上的一般多边形 P, 使得前面引理中的 (i), (ii) 成立, 我们就得到公式

$$\varphi(P)\equiv\frac{1}{2\pi}\left\{A(P)+total\ geo.\ cur.\ (P)+\int_{P}k(x)dx\right\}=\chi(P).$$

这个公式叫作高斯—博内公式. 若想了解详情, 请参阅任何一本大学微分几何教材.

注 当 P 是曲面 M 上一个测地三角形 (边界为测地线的三角形) 时, 上述公式在 1827 年为高斯证得. 后来博内将高斯的结果推广到 M 上一般的三角形情形. 这个高斯—博内公式在 1942 年被艾伦多弗—韦伊推广到高维情形. 1943 年陈省身给出了高维的高斯—博内公式的一个新证明. 新证明以其精妙的算法和重要的影响闻名于世. 它揭开了示性类的陈—韦伊理论的序幕. 该理论是以后介绍的同调论的一个补充, 为整体微分几何学打下部分基础. 在三内角和公式的各种推广中以高维无边流形的高斯—博内公式最为出名, 因此以后我们把内角和公式的推广统称为高斯—博内公式.

第二章 经典的黎曼—罗赫定理

花开两朵, 各表一枝. 我们将在这一章里新辟话题, 来谈谈黎曼—罗赫定理. 这个定理的研究起始于 1857 年黎曼发表的一篇文章. 后来经过一系列看法的酝酿, 概念的发明, 直到 1954 年希策布鲁赫做出了高维复流形上的相应定理, 这个研究才算初步告一段落. 在这一百年中黎曼—罗赫定理与第一章讨论过的定理曾互不相干地共处八九十年. 待到 20 世纪 50 年代塞尔与小平邦彦看出了古典的黎曼—罗赫公式中有一部分与第一章的欧拉数在同调的背景下极为相似, 于是局势急剧变化, 转瞬之间希策布鲁赫把研究推到了一个高峰.

在这一章里, 我们介绍古典的黎曼—罗赫定理, 它和第一章看来是相去甚远的.

§2.1 黎曼—罗赫问题

大家一定会问: 黎曼—罗赫定理研究的是一个什么样的数学现象呢? 让我们就一个简单的实例来谈谈这个现象. 大家知道, 从多项式求根, 这是自古以来代数学的重要研究课题. 反过来的事, 即从根求出多项式, 那可实在太简单了. 我们会很容易地证出关于这件事的结论: 给定 N 个不同的复数 $a_1, \cdots, a_N$ 和 N 个正整数 $m_1, \cdots, m_N$, 则仅以 a_i 为 m_i 次根 $(i = 1, \cdots, N)$ 的多项式 $P(z)$ 必是 $c(z - a_1)^{m_1} \cdots (z - a_N)^{m_N}$, 其中 c 是某一非零复数.

上述关于多项式 $P(z)$ 的事实可以说毫无深刻之处. 很难设想它的任何一个推广中会有深刻性. 但是这种绝对的看法是不可取的. 如果我们把寻求的对象从复平面上的多项式转向以后将谈到的黎曼面上的半纯函数, 情形就有变化了. 这是因为寻求的对象集合高深莫测. 我们在此讲多项式是想立个榜样. 其实这是一个 "照猫画虎" 的策略, 是为了描绘深奥的黎曼—罗赫定理而设置的.

上述关于多项式的事实可以很自然地推广到有理分式情形. 让我们先来回忆有理分式的定义. 一个有理分式 $f(z)$ 可以表示为两个互素多项式 $P(z)$ 与 $Q(z)$ 的商, 即 $f(z)=\dfrac{P(z)}{Q(z)}$. 这里谈的多项式的系数是复数. 显见每一个有理分式 $f(z)$ 可以看成一个定义在复平面 $\mathbb{C}$ 上的函数 (严格讲, 需要在复平面 $\mathbb{C}$ 上去掉有限个点, 以使 $Q(z)$ 不为零, 从而 $f(z)$ 才是通常的函数). 容易知道, 对于任意复数 $a\in\mathbb{C}$, 总存在唯一一个整数 $m\in\mathbb{Z}$, 使得 $\mathbb{C}$ 上的函数 $\dfrac{f(z)}{(z-a)^m}$ 有极限 $\lim\limits_{z\to a}\dfrac{f(z)}{(z-a)^m}$, 且它等于某非零的复数. 这里的 m 就称为 $f(z)$ 在 a 点的重数, 并记作 $\nu_a(f)$. 当 $\nu_a(f)>0$ 时, a 称为 $f(z)$ 的零点, $\nu_a(f)$ 是零点的重数. 当 $\nu_a(f)<0$ 时, a 称为 $f(z)$ 的极点, $-\nu_a(f)$ 是极点的重数. 当 $\nu_a(f)=0$ 时, 易见 a 既不是 $f(z)$ 的零点, 也不是它的极点. 如果有理分式 $f(z)$ 没有极点, 那么它就是多项式. 此时它的 m 重零点就是多项式的 m 重根. 现在我们很容易推广上面关于多项式的性质.

设 $a_1,\cdots,a_N$ 是 N 个不同的复数, $m_1,\cdots,m_N$ 是 N 个非零的整数, 则任何一个仅以 a_i 为 m_i $(i=1,\cdots,N)$ 重点 (当 $m_i>0$ 时, a_i 是 m_i 重零点; 当 $m_i<0$ 时, a_i 是 $-m_i$ 重极点) 的有理分式 $f(z)$ 必可表示为

$$c(z-a_1)^{m_1}\cdots(z-a_N)^{m_N},$$

其中 c 是一个非零的复数.

假若人们再想做进一步推广的话, 那自然会想到把有理分式换成复平面上半纯函数或紧致黎曼面 (见下面 §2.2 的定义) 上的半纯函数. 在这两种新情况下做推广就不那么容易了. 对于一位刚看完黎曼

面定义的读者来说, 如果问他: “这个黎曼面上是否有半纯函数?” 恐怕他都会茫然不知所措. 更不用说要他去找在某些点具有一定重数的半纯函数了. 我们把这个使初学者不知所措的问题稍微变形, 化为下列的黎曼—罗赫问题.

黎曼—罗赫问题　在紧致黎曼面 S 上给定 N 个不同的点 $a_1,\cdots,a_N$, 又给定 N 个非零的整数 $m_1,\cdots,m_N$, 令 $\mathscr{L}$ 表示 S 上满足下列条件 (i), (ii) 的半纯函数 f 的集合:

(i) f 在 a_i 点的重数 $\nu_{a_i}(f)\geqslant m_i$, $i=1,\cdots,N$;

(ii) f 在其余各点 b 的重数 $\nu_b(f)\geqslant 0$.

试问集合 $\mathscr{L}$ 有多大?

在上述的问题中, 黎曼面、半纯函数以及重数的概念尚未定义. 但是对比有理分式的情形, 这个问题的提法还是很容易理解的. 在 §2.2 中我们将对黎曼—罗赫问题中出现的各个概念逐一进行介绍. 现在我们只介绍问题中 “紧致” 这一概念. 一个空间称为紧致的, 如果其内任何一个点列皆有收敛的子点列. 这条性质在微分学中是很重要的, 有了它则能证明一些存在性定理.

为了对黎曼—罗赫问题有一个初步的感性认识, 我们来考虑有理分式的情形. 由于有理分式的定义域是复平面, 而复平面不是一个紧 (致) 黎曼面, 因此上述黎曼—罗赫问题宜在形式上做些修改.

设在复平面 $\mathbb{C}$ 上给定 N 个不同的点 $a_1,\cdots,a_N$, 又给定 N 个非零的整数 $m_1,\cdots,m_N$, 令 $\mathscr{L}$ 表示 $\mathbb{C}$ 上满足下列条件 (i)—(iii) 的有理分式 $f(z)$ 的集合:

(i) f 在 a_i 点的重数 $\nu_{a_i}(f)\geqslant m_i$, $i=1,\cdots,N$;

(ii) f 在其余各点 b 的重数 $\nu_b(f)\geqslant 0$;

(iii) $\overline{\lim\limits_{z\to\infty}}|f(z)|$ 有界 (这相当于 f 在 ∞ 点的重数 $\nu_\infty(f)\geqslant 0$).

于是问集合 $\mathscr{L}$ 有多大?

易见 $\mathscr{L}$ 是一个向量空间, 因此就来估计它的维数 $\dim\mathscr{L}$. 如果 $f(z)$ 是适合上述 (i)—(iii) 的有理分式, 则 $f(z)$ 可表示为

$$f(z)=(z-a_1)^{m_1}\cdots(z-a_N)^{m_N}P(z),$$

其中 $P(z)$ 是多项式, 为了使 (iii) 成立, 它的次数 $\deg P$ 应适合下列不等式

$$\deg P+m_1+\cdots+m_N\leqslant 0.$$

于是就有

$$\begin{aligned}\dim\mathscr{L}&=\dim\left\{P(z)\,\middle|\,P(z)\text{ 是多项式},\ \deg P\leqslant-(m_1+\cdots+m_N)\right\}\\&=1-(m_1+\cdots+m_N).\end{aligned}$$

上式中当 $1-(m_1+\cdots+m_N)\leqslant 0$ 时, $\dim\mathscr{L}\leqslant 0$. 这时它就理解为: $\mathscr{L}$ 是空集合, 上述等式

$$\dim\mathscr{L}=1-(m_1+\cdots+m_N)$$

就是黎曼—罗赫问题的解. 这是在最平凡情形下的黎曼—罗赫公式. (在这里需要告诉读者, 可以证明在复平面这一平凡情形下, 半纯函数与有理分式是彼此等价的. 所以以有理分式代替半纯函数, 黎曼—罗赫定理没有走样.)

§2.2　多值函数与黎曼面

为了说清上一节的黎曼—罗赫问题, 需要黎曼面的概念. 这一节将从历史发展的角度来解说这一概念.

19 世纪初法国数学家柯西开创了单复变函数论的研究. 这项研究是把微积分学推广到复数领域. 确切地说, 将以复数为自变量的复值函数作为研究对象, 讨论它的微积分. 这里所说的函数在复变函数论的初创时期当然理解为单值函数. 即对变量的每一个确定值, 函数只取一个值. 这情形恰如分析学中的实值函数一样. 但是复变函数论发展到一定阶段之后, 这个单值函数的限制受到了挑战. 下面的解说使我们认识到, 我们会自然地遇到多值函数. 黎曼面的引入可以把自然遇到的多值函数变为单值函数. 为了陈述方便, 眼下我们仍坚持函

数是单值的这一限制.

设 Ω 是复平面 $\mathbb{C}$ 上的一个区域, $f(z)$ 是定义在 Ω 上的一个复函数. 对于 $z_0 \in \Omega$, 若极限 $\lim\limits_{\Delta z \to 0} \dfrac{f(z_0+\Delta z)-f(z_0)}{\Delta z}$ 存在并且是一个有限的复数, 则称 f 在 z_0 点解析, 这个极限值就记作 $f'(z_0)$. 上面的 Δz 取值为复数, "$\Delta z \to 0$" 是指 Δz 的模 $|\Delta z|$ 趋于零. 如果 $f(z)$ 在 Ω 内各点都解析, 我们就称 $f(z)$ 为 Ω 上的解析函数或全纯函数. 为方便计, 自此以后我们都假定 Ω 是连通的区域, 即它不能分成彼此独立的两块. 容易验证: 多项式是定义在整个复平面 $\mathbb{C}$ 上的全纯函数; 有理分式 $\dfrac{P(z)}{Q(z)}$ 是定义在 $\mathbb{C}$ 挖去有限个点 $a_1, \cdots, a_N$ 上的全纯函数, 这里 $a_1, \cdots, a_N$ 是 $Q(z)$ 的根; 另外一些大家熟悉的初等函数如 $\sin z$, e^z 等皆是平面上的全纯函数. 至于非全纯的函数, 那太多了, 例如 $f(z) \equiv \overline{z}$. 最初的复变函数论的研究结果表明: 全纯函数比起实变量的可微函数来讲简直少多了; 全纯函数的性质实在太好了! 大家知道: 一个多项式可以被它在某些点上的值完全决定. 对于全纯函数来说, 也有类似的性质. 也就是说, 对于定义在 Ω 上的全纯函数 $f(z)$, 如果 U 是 Ω 中的一个小区域, f 限制在 U 上为已知, 那么在 Ω 上的 f 就完全确定了. 形象一点来讲, 假若在一个小区域 U 上知道了 $f(z)$, 那么在距离 U 可能十万八千里外的点 $\widetilde{z}$ 处, 只要 $\widetilde{z} \in \Omega$, 则 $f(\widetilde{z})$ 也就知道了. 全纯函数的这个性质令人吃惊, 也使人觉得: 如果要研究一个全纯函数的话, 原则上只需限制在一个小区域上来研究它就够了. 但是经验表明这种 "小中见大" 的研究策略很难深入下去. 相反地, 人们试着扩充全纯函数 $f(z)$ 的定义域, 而后来研究 "具有最大定义域" 的全纯函数. 用解析延拓的办法来扩大函数的定义域, 可能使我们得到多值函数. 例如在 $\mathbb{C}$ 的区域

$$\begin{aligned} U &= \left\{ z \in \mathbb{C} \;\middle|\; |z-1| < \frac{1}{2} \right\} \\ &= \left\{ z = 1 + re^{i\theta} \;\middle|\; 0 \leqslant r < \frac{1}{2},\ 0 \leqslant \theta < 2\pi \right\} \end{aligned}$$

上定义了全纯函数 $f_0(z) = \sqrt{z}$, 这里的函数 $\sqrt{z}$ 是定义在 U 上的连续函数, 使得在 $z=1$ 时取值为 1 并且它的平方等于函数 z. 在 $\mathbb{C}$ 中

有两个区域 Ω_1, Ω_2 (见下图):

$$\Omega_1=\left\{z=re^{i\theta_1}\ \middle|\ 0<r<+\infty,\ -\frac{3\pi}{2}<\theta_1<\frac{\pi}{2}\right\},$$

$$\Omega_2=\left\{z=re^{i\theta_2}\ \middle|\ 0<r<+\infty,\ -\frac{\pi}{2}<\theta_2<\frac{3\pi}{2}\right\}.$$

上述全纯函数 $f_0(z)$ 可以分别解析延拓到 Ω_1,Ω_2 上, 扩充后的函数分别是 $f_1(z)=\sqrt{r}e^{\frac{\theta_1}{2}i}$, $f_2(z)=\sqrt{r}e^{\frac{\theta_2}{2}i}$. f_1 与 f_2 皆是全纯函数, 它们限制在 U 上皆是 f_0, 可是

$$f_1(-1)=e^{-\frac{\pi}{2}i}=-i,$$

$$f_2(-1)=e^{\frac{\pi}{2}i}=i,$$

即

$$f_1(-1)\neq f_2(-1).$$

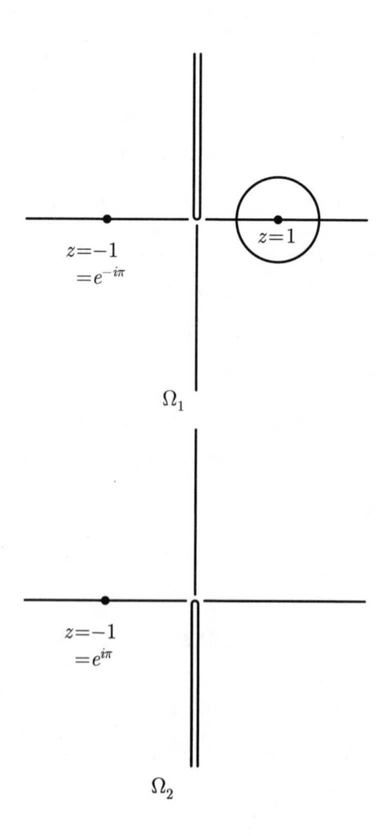

这表明 f_0 经不同途径解析延拓之后在点 -1 处取到两个值, 从而 f_0 的延拓函数是 $\mathbb{C}$ 上的多值函数了. 由于 $f_0 \equiv \sqrt{z}$ 是一个十分初等而又基本的函数, 因此由它导出的是多值函数 (这也可从代数方程 $x^2 = z$ 的求根得到相同理解), 当然值得研究. 如何研究 $\mathbb{C}$ 上的多值全纯 (或半纯) 函数呢? 一个很自然的想法是把这种多值函数转化为某个 "黎曼面" 上的单值函数. 例如为了研究上面的 f_0 的延拓函数

$$F : \mathbb{C} \to \mathbb{C},\ z \mapsto \sqrt{z},$$

可以先构造如下的黎曼面 S. S 是两个复平面 $\mathbb{C}_1$ 与 $\mathbb{C}_2$ 经过剪裁粘连而成的. 将 $\mathbb{C}_1, \mathbb{C}_2$ 沿着负的虚半轴剪开 (见下图):

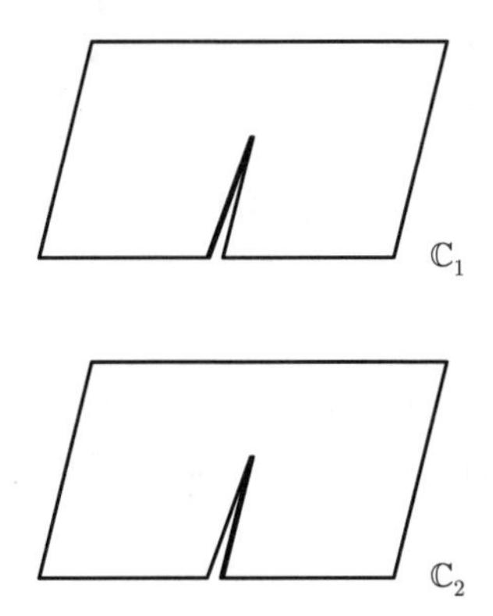

得到两个开缝的曲面 $\widehat{\mathbb{C}_1}, \widehat{\mathbb{C}_2}$. 接着将 $\widehat{\mathbb{C}_1}$ 的左裂缝与 $\widehat{\mathbb{C}_2}$ 的右裂缝粘在一起, 将 $\widehat{\mathbb{C}_1}$ 的右裂缝与 $\widehat{\mathbb{C}_2}$ 的左裂缝粘在一起, 得到的图形 (见下图) 记为 S.

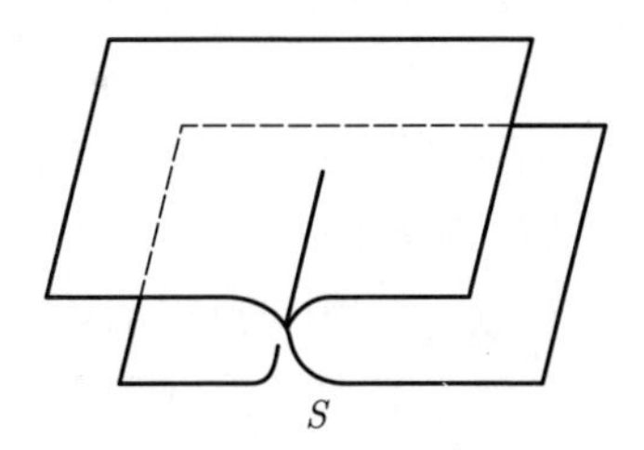

这个 S 就是函数 $\sqrt{z}$ 的黎曼面. 这里所说的函数 $\sqrt{z}$ 的黎曼面包含两层意思. 第一层意思是: 存在一个单值函数 $\Phi : S \to \mathbb{C}$ 使得下列图

表交换

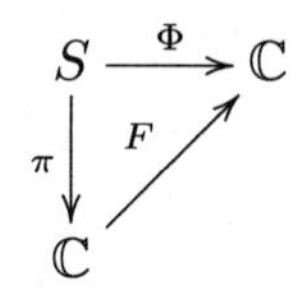

其中 $\pi: S \to \mathbb{C}$ 是将 $\widehat{\mathbb{C}_1}$, $\widehat{\mathbb{C}_2}$ 自然等同于 $\mathbb{C}$ 后, 导出的投射. 第二层意思是: 空间 S 具有下列定义中所说的黎曼面结构. 具体验证这里的 S 包含上述两层意思并不困难, 故留给读者作为练习题.

黎曼面的定义 点的集合 S 称为一个黎曼面, 如果对于 S 中任何一个点 p, 皆有 (至少) 一个邻域 U_p 以及 U_p 上一个复坐标 $z^{(p)}$ $(z^{(p)}: U_p \to \mathbb{C})$, 使得任意两个坐标邻域 $(U_p, z^{(p)})$, $(U_q, z^{(q)})$, 只要 $U_p \cap U_q \neq 0$, 那么

$$z^{(q)} \circ (z^{(p)})^{-1} : z^{(p)}(U_p \cap U_q) \to \mathbb{C}$$

便是全纯函数.

注 在上述黎曼面的定义中其实还需加一些点集拓扑方面的条件, 以免 S 是一个 "病态" 的空间. 究竟需加什么条件, 我们就不细说了.

在黎曼面的定义中的全纯函数 $z^{(q)} \circ (z^{(p)})^{-1}$ 若记为 φ, 那么 φ 其实是将点的 $z^{(p)}$ 坐标映为 $z^{(q)}$ 坐标, 即是坐标变换. 所以自然可记

$$z^{(q)} = \varphi(z^{(p)}).$$

现在我们回头看看 $\sqrt{z}$ 的黎曼面的例子. 在前面留的练习题中, 证明 Φ 的存在是不难的, 证明 S 在原点之外 (即 $\pi^{-1}(0)$ 之外) 有黎曼面要求的复坐标也较容易. 但是有一点可能出人意料. 我们知道 $\pi: S \to \mathbb{C}$ 有这样的性质: 当 $a\ (\neq 0) \in \mathbb{C}$ 时, $\pi^{-1}(a)$ 是两个点; 而 $\pi^{-1}(0)$ 是 S 中一个点. 在点 $\pi^{-1}(0)$ 的一个小邻域中居然会存在复坐标 (这是 S 成为黎曼面的一个必要条件) 听起来有点意外, 细心的读者一定会把这种复坐标找出来, 故我们就不说了. 这件事也许是前面的习题中最困难之点.

尽管我们会做上述关于 $\sqrt{z}$ 的黎曼面的练习题, 但是我们仍然没

能达到数学家们对 "$\sqrt{z}$ 的黎曼面" 这一概念的认识水平, 因为数学家们定义的 "$\sqrt{z}$ 的黎曼面" 和我们这里定义的有点不同. 所以我们要对前面定义的 S 做一些补充. 为此先看看由 $\widehat{\mathbb{C}_1}$ 与 $\widehat{\mathbb{C}_2}$ 黏合的 S 是什么样子的. 假如在 $\widehat{\mathbb{C}_i}$ 中挖去原点得 $\widehat{\mathbb{C}_i}^-$, $i=1, 2$. 按照 $\widehat{\mathbb{C}_1}$ 与 $\widehat{\mathbb{C}_2}$ 的黏合法黏合 $\widehat{\mathbb{C}_1}^-$ 与 $\widehat{\mathbb{C}_2}^-$ 得到 S^-. 它是 S 上挖去一个点 $\pi^{-1}(0)$. 由下图可以看出 S^- 是一个无穷长的圆柱面 $S^1\times(-\infty,+\infty)$, 其中 S^1 是圆圈.

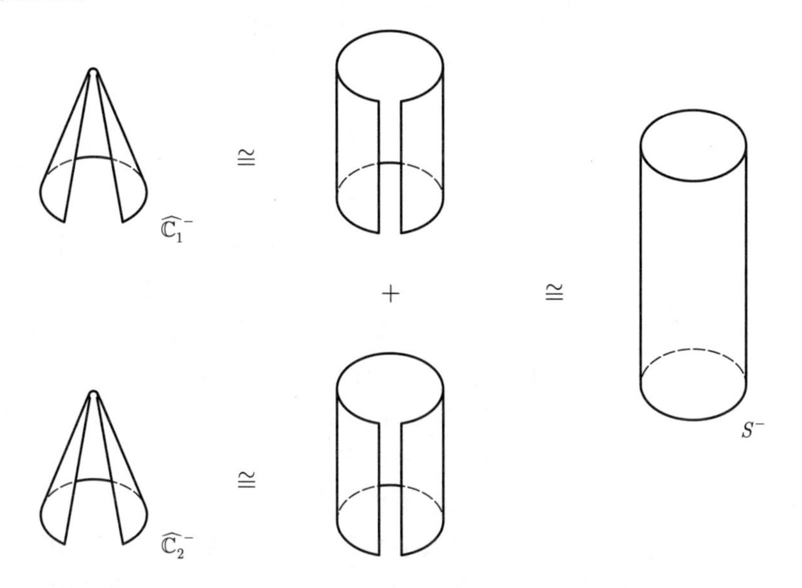

显然可见 S 是 S^- 加进一个点 $\pi^{-1}(0)$. 换句话说, S 是 $S^1\times(-\infty,+\infty)$ 的一端加进一个 $+\infty$ 点的紧致化, 于是 S 是 (拓扑意义上的) 一个复平面.

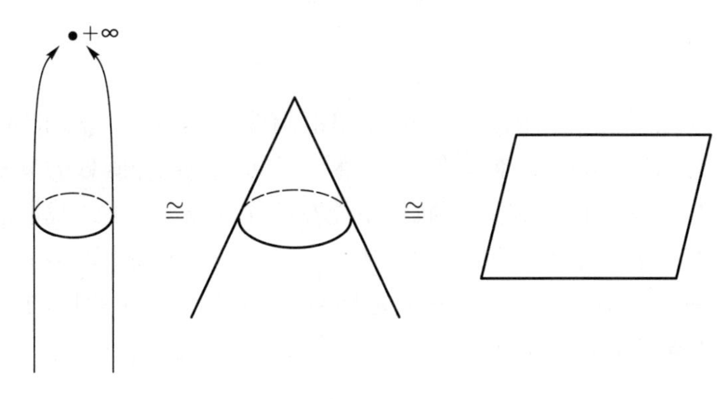

类似地, 在 $S^- \equiv S^1 \times (-\infty, +\infty)$ 的两端分别加两点 $+\infty$ 与 $-\infty$ 的紧致化, 便得到球面 S^2.

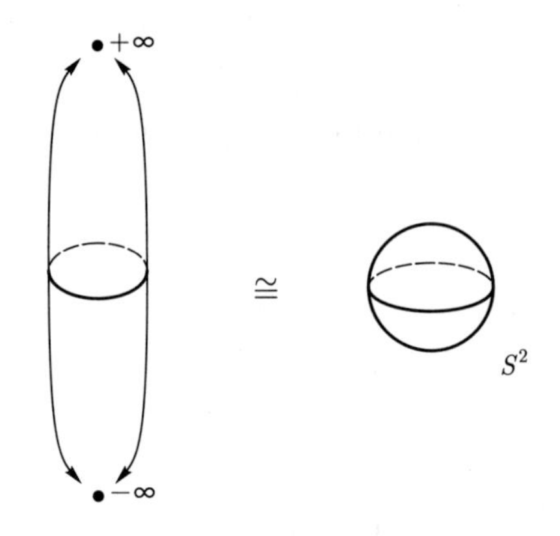

数学家们把 S^2 看成 $\sqrt{z}$ 的黎曼面, S^2 是球面, 它是 S 加上点 $-\infty$ 的紧致化. 现在我们来解释 S^2 比 S 好. 首先 S^2 是紧致空间而 S 是非紧 (致) 空间, 由于紧致空间较好, 故人们更容易把握 S^2. 其次在我们谈到 "S 是 $\sqrt{z}$ 的黎曼面" 时有两层意思, 此时对于 S^2 也有类似的两层意思. 最后, S^2 比 S 多了一个 $-\infty$ 点, 这个 $-\infty$ 点就是 $S \equiv \mathbb{C}$ 的 ∞ 点, 因此可以利用 S^2 更多地反映 $\sqrt{z}$ 在 $|z| = \infty$ 时的性质, 难怪数学家们把 S^2 (球面) 看作 "$\sqrt{z}$ 的黎曼面".

上面我们谈到的 "黎曼面" "$\sqrt{z}$ 的黎曼面", 实际上是两个不同的概念. 前者由黎曼面的定义确定, 而后者除去它是一个 "黎曼面" 之外, 还附加上它与多值函数 $\sqrt{z}$ 的一个关系, 即有下列图表

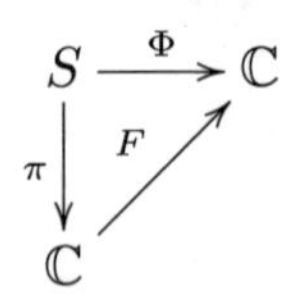

其中 $F \equiv \sqrt{z}$ 是多值函数, 而 Φ 是单值函数. 假若考虑 $\sqrt{z}$ 的推广, 例如代数函数, 多值全纯函数等, 自然可以问一问这些函数的黎曼面是什么? 但是由于多种原因, 我们不能在此作介绍了. 不过我们愿意告诉大家一个初等而又寓意深刻的例子, 那就是复平面上的多值函数 $\sqrt{(1-z^2)(1-kz^2)}$, 它的黎曼面是环面. 环面就是汽车轮胎的表面. 读者不妨试着算清这个例子.

最后我们证明单位球面 S^2 满足黎曼面的定义, 以此来结束本节的讨论. 设单位球面 S^2 表示为

$$S^2=\left\{(x,y,z)\in\mathbb{R}^3\;\middle|\;x^2+y^2+z^2=1\right\}.$$

分别记 $N=(0,0,1)$, $q=(0,0,-1)$ 为北极和南极. 考虑 S^2 的开覆盖 $\{U_N,U_q\}$:

$$\begin{aligned}U_N&=S^2-\{q\},\\ U_q&=S^2-\{N\}\end{aligned}$$

以及映射

$$\begin{aligned}\Phi_N&:U_N\to\mathbb{C},\\ \Phi_q&:U_q\to\mathbb{C}.\end{aligned}$$

其中 Φ_N, Φ_q 分别表示从北极、南极出发向 $\mathbb{C}$ ($\equiv(x,y)$ 平面) 做球极投影, 然后再在 $\mathbb{C}$ 中取恒同与共轭映射而得. 确切说,

$$\begin{aligned}\mathbb{C}&=\left\{x+iy\;\middle|\;(x,y,0)\in\mathbb{R}^3\right\},\\ \Phi_N(x,y,z)&=\frac{x+iy}{1-z},\\ \Phi_q(x,y,z)&=\frac{x-iy}{1+z}.\end{aligned}$$

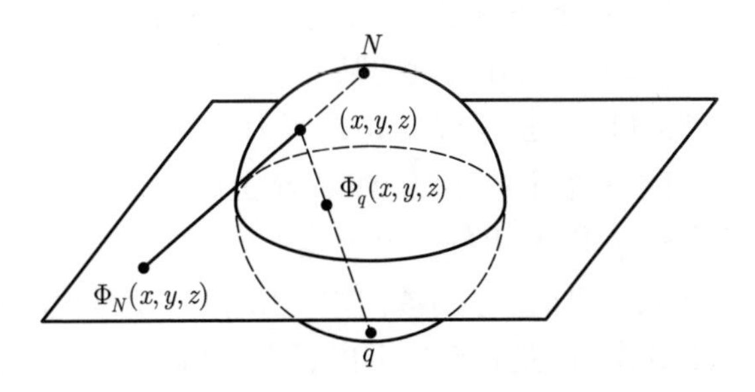

$\mathbb{C}$ 中的复坐标 $\omega=x+iy$ 经 Φ_N, Φ_q 分别给出邻域 U_N, U_q 中复坐标 ξ, η, 即

$$\begin{aligned}\xi&=\frac{x}{1-z}+i\frac{y}{1-z},\\ \eta&=\frac{x}{1+z}-i\frac{y}{1+z}.\end{aligned}$$

由于 $x^2+y^2+z^2=1$, 故

$$\frac{1}{\xi}=(1-z)\cdot\frac{x-iy}{x^2+y^2}=\frac{x-iy}{1+z}=\eta,$$

即在 $U_N\cap U_q$ 中 η 是 ξ 的全纯函数, 从而 S^2 满足黎曼面的定义.

以上我们是从理解多值全纯函数这一观点来引入黎曼面的. 当然如果以为只这么一点动机便能引进数学家的黎曼面, 那未免是管窥之见了. §2.4 将涉及的椭圆积分等恐怕是刺激黎曼面概念产生的真正起因.

§2.3 黎曼面上的半纯函数

从上一节的讨论可知, 由于引进了黎曼面的观念, 我们就不必讨论多值函数了. 所以自此以后凡是谈到的函数皆是单值函数.

黎曼面的主要特征是: 其上每一个点的周围都有复坐标系. 这个特征使得我们很容易来定义黎曼面上的全纯函数、半纯函数以及它们在各点的重数等概念.

定义 设 S 是一个黎曼面, $f:S\to\mathbb{C}$ 是 S 上的一个 (单值) 函数, $p\in S$. 我们称函数 f 在 p 点是解析 (全纯) 的, 如果对于 p 点附近的任意坐标邻域 (U,z), f 表示为 z 的函数时, 它在 p 点解析.

在上述定义中将条件陈述 "如果对于 p 点附近的任意坐标邻域 ······" 换成 "如果对于 p 点附近的某一坐标邻域 ······", 则得到 "函数在 p 点解析" 的概念是一样的, 这是因为在黎曼面的定义中要求任意两个坐标系间差一个全纯变换. 如果 S 上的一个函数 f 在 S 上任意一点解析, 则称 f 是 S 上的一个全纯函数. 由于我们以后讨论的是紧致黎曼面, 在大学里的复变函数论中的刘维尔定理此时也成立, 即在 S 上的全纯函数 (由紧致性先推出有界, 从而) 必是一常数. 因此 S 上的全纯函数不值得再费力了.

定义 设 S 是一个黎曼面; $p_1,\cdots,p_N\in S$; $f:S\backslash\{p_1,\cdots,p_N\}\to\mathbb{C}$ 是一个函数. 如果 f 在 $S\backslash\{p_1,\cdots,p_N\}$ 内各点全纯, 并且对 p_i $(i=1,\cdots,N)$ 的任意坐标邻域 (U_i,z_i), f 在 U_i 是 z_i 的半纯函数 (即存在 $m\in\mathbb{Z}$, 使得 $(z_i-z_i(p_i))^m f(z_i)$ 是 U_i 上的全纯函数),

则称 f 是 S 上的半纯函数, 其中 $z_i(p_i)$ 是 p_i 点的坐标.

定义　设 S 是一个黎曼面, f 是 S 上的一个半纯函数, 则对任意 $p \in S$, 有一个整数 $\nu_p(f)$ 使得

(i) $(z - z(p))^{-\nu_p(f)} f(z)$ 在 p 点全纯;

(ii) $\lim\limits_{z \to z(p)} (z - z(p))^{-\nu_p(f)} f(z) \neq 0$.

这时称 $\nu_p(f)$ 为 f 在 p 点的重数. 上面的 z 是 p 点附近的一个复坐标. 当 $\nu_p(f) > 0$ 时, p 称为 f 的零点, $\nu_p(f)$ 是零点的重数. 当 $\nu_p(f) < 0$ 时, p 称为 f 的极点, $-\nu_p(f)$ 是极点的重数. (请大家自证 $\nu_p(f)$ 的存在性.)

现在我们已经有了黎曼面、半纯函数、重数等定义, 因此 §2.1 中的黎曼—罗赫问题的提法就准确了. 容易证明黎曼—罗赫问题中的 $\mathscr{L}$ 是复向量空间. 所以试问 $\mathscr{L}$ 有多大, 这就是要求出 $\mathscr{L}$ 的维数. 黎曼首先做出 $\dim \mathscr{L}$ 的下界, 后来罗赫把 $\dim \mathscr{L}$ 求出来了. 由此可知黎曼—罗赫问题的核心是讨论半纯函数的存在性和唯一性, 这里所说 "唯一性" 应做广义的理解, 即求出 $\dim \mathscr{L}$ 的上界.

我们引进一些记号如下. 令 $\mathscr{M}(S)$ 表示 S 上所有半纯函数的集合. 若 $f \in \mathscr{M}(S)$, 则易知下列集合

$$\{p \mid \nu_p(f) \neq 0\}$$

是有限的 (不然的话, f 或 $\dfrac{1}{f}$ 的零点就有无穷多个, 在 S 中便有极限点, 照复变函数论的最简单论证知 f 或 $\dfrac{1}{f}$ 必为零). 于是可以定义

$$(f) \equiv \sum_p \nu_p(f) p,$$

并称 (f) 是由 f 定义的除子. (一般的) 除子 D 定义为形式和 $\sum\limits_{i=1}^{k} n_i p_i$, 其中 $p_i \in S$, n_i 是整数. 令 $\deg(D) = \sum\limits_{i=1}^{k} n_i$, 称为除子 D 的阶. S 上除子的集合, 在形式和的加法下成为一个交换群 (生成元有无穷多个), 这个群记为 $Div(S)$. 如果除子 D 是 $n_1 p_1 + \cdots + n_k p_k$, 并满足

$n_i \geqslant 0\ (i=1,\cdots,k)$, 则称 D 为正除子或有效除子, 记为 $D \geqslant 0$. 正除子的概念在 $Div(S)$ 中建立一个偏序, 即若 D_1, D_2 是除子, 并且 $D_1 - D_2 \geqslant 0$, 则令 $D_1 \geqslant D_2$. 有了以上的记号之后, 黎曼—罗赫问题中的 $\mathscr{L}$ 可以表示为

$$\mathscr{L} = \{f \in \mathscr{M}(S) \mid (f) \geqslant -D\},$$

其中 $D = -\sum\limits_{i=1}^{N} m_i a_i$, m_i 和 a_i 的定义见 §2.1. 在这里的表述中为什么不取 $D \equiv \sum\limits_{i=1}^{N} m_i a_i$ 呢? 现在看来这只是习惯问题, 所有的书都这么取. 当初这么取可能是有利于黎曼—罗赫定理的陈述. 我们将这里的 $\mathscr{L}$ 有时记为 $\mathscr{L}(D)$.

让我们来考察 $S \equiv S^2$ 的情形, 其中 S^2 是 $\mathbb{R}^3$ 中的单位球面. §2.2 告诉我们: S^2 是 $\sqrt{z}$ 的黎曼面. 当 $D=0$ 时, 易见

$$\mathscr{L}(D) = \{f \in \mathscr{M}(S^2) \mid f\ \text{是全纯函数}\} = \mathbb{C},$$

故 $\dim \mathscr{L}(D) = 1$. 当 $D = mp$ 时, 其中 $m<0$, $p \in S^2$, 易见

$$\mathscr{L}(D) = \{f \mid f\ \text{以}\ p\ \text{点为至少}\ -m\ \text{阶零点},\ f\ \text{在其余点解析}\},$$

故 $\mathscr{L}(D) = \varnothing$.

若 $D = mp$, $m>0$, 无妨设 $p \in U_N \subset S^2$, 则

$$\mathscr{L}(D) = \{f \mid f\ \text{以}\ p\ \text{点为至多}\ m\ \text{阶极点},\ f\ \text{在其余点解析}\}.$$

取 S^2 上的半纯函数 g_α, 它在 U_N 中表示为

$$g_\alpha = \frac{1}{(\xi - \xi(p))^\alpha}, \qquad \alpha = 0,1,\cdots,m.$$

易见

$$(g_\alpha) = \alpha \cdot p - \alpha \cdot q,$$

其中 q 是南极. 若令 V 是由 $\{g_\alpha \mid \alpha = 1,\cdots,m\}$ 张成的 $m+1$ 维复向量空间, 于是

$$\mathscr{L}(D) > V,$$
$$\dim \mathscr{L}(D) \geqslant m+1.$$

用类似的方法, 不难证明: 对一般的 $D=\sum m_iD_i$, 也能有

$$\dim\mathscr{L}(D)\geqslant\deg(D)+1.$$

以上讲的是球面 S^2 的情形. 对于一般的黎曼面 S, 黎曼证出了下列公式

$$\dim\mathscr{L}(D)\geqslant\deg(D)+1-g(S),$$

其中 $g(S)$ 是曲面 S 的亏格. 亏格的定义如下:

对于一个可定向的闭曲面, 它可同胚于下列空间之一

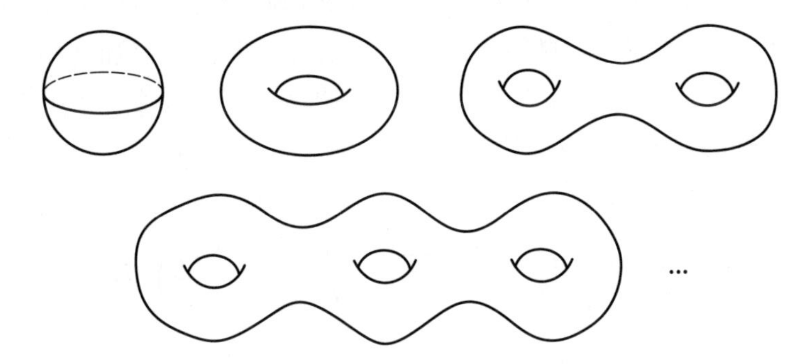

第一个空间是单位球面, 第二个空间是前面提到过的环面, 第三个空间由两个环面拼接而成, $\cdots\cdots$ 这些曲面可以形象描述为: 第一个空间没有洞, 第二个空间有一个洞, 第三个空间有两个洞, $\cdots\cdots$ 有 g 个洞的上述曲面称为亏格为 g 的曲面. 这就解释了黎曼不等式中 $g(S)$ 的定义, 以及具有 $g(S)$ 个洞的几何意义.

后来黎曼的学生罗赫把黎曼的公式推广为

$$\dim_{\mathbb{C}}\mathscr{L}(D)=\deg(D)+1-g(S)+i(D).$$

其中 $i(D)$ 的意义在 §2.4 中再介绍. 上述公式就叫作黎曼—罗赫公式, 它是黎曼—罗赫定理的结论.

§2.4 狄氏原理——抽象存在性定理的论证方法

上一节谈到的黎曼—罗赫定理在单位球的情形是比较平凡的, 但在 $g(S)\geqslant 1$ 的情形就不同了. 以普通环面 $(g=1)$ 为例, 我们来说明欲证黎曼—罗赫定理的困难程度. 把一个单位正方形的上边与下

边、左边与右边分别叠合起来成为环面, 并把正方形的自然复坐标取为该环面的复坐标, 然后再在其余部分取合适的复坐标使得此环面成为一个黎曼面. 我们把这个黎曼面称为普通环面. 为了要证明普通环面上的黎曼—罗赫定理, 当然要对这种环面上的半纯函数有相当的了解. 容易看出普通环面上的半纯函数其实就是复平面 $\mathbb{C}$ 上满足下列双周期条件的半纯函数

$$f(z+i)=f(z)=f(z+1).$$

人们可以从椭圆函数论中找到这种双周期半纯函数的信息, 但椭圆函数绝不是简单的东西. 椭圆函数论是 $\mathbb{C}$ 上双周期半纯函数的理论, 它相当于亏格为 1 的黎曼面上半纯函数的理论. 这个理论产生于关于平面上椭圆弧度的长度的研究. 平面上单位圆 $\{(x,y)\mid x^2+y^2=1\}$ 上圆弧段的长度是

$$l=\int dS=\int\sqrt{dx^2+dy^2}=\int\sqrt{1+\left(\frac{dy}{dx}\right)^2}dx.$$

由于

$$y=\sqrt{1-x^2},\qquad y_x\equiv\frac{dy}{dx}=\frac{-x}{\sqrt{1-x^2}},$$

故

$$l=\int\frac{dx}{\sqrt{1-x^2}}.$$

而对于平面上的椭圆 $\left\{(x,y)\,\middle|\,\frac{x^2}{a^2}+\frac{y^2}{b^2}=1\right\}$, 有

$$y=b\sqrt{1-\frac{x^2}{a^2}}\quad 和\quad y_x=-\frac{b}{a}\cdot\frac{x}{\sqrt{a^2-x^2}},$$

以及

$$\begin{aligned}l&=\int\sqrt{1+(y_x)^2}dx=\int\sqrt{\frac{a^2-\frac{a^2-b^2}{a^2}x^2}{a^2-x^2}}dx\\&=a\cdot\int\frac{1-h^2x^2}{\sqrt{(1-x^2)(1-h^2x^2)}}dx,\end{aligned}$$

其中

$$h=\sqrt{\frac{a^2-b^2}{a^2}}.$$

因此人们把

$$z=\int\frac{1-h^2x^2}{\sqrt{(1-x^2)(1-h^2x^2)}}dx$$

称为椭圆积分. 在圆的情形下 $h=\sqrt{\dfrac{a^2-b^2}{a^2}}=0$. 这时积分是

$$z=\int\frac{dx}{\sqrt{1-x^2}}=\arcsin x,$$

它的反函数是 $x=\sin z$. 这个反函数是一个单周期 (周期为 2π) 的函数. 阿贝尔在研究椭圆积分时主张考察这个椭圆积分的反函数. 这个反函数是一个双周期的函数, 通常称为椭圆函数. 阿贝尔的上述主张导致了椭圆函数论的极大发展. 这个理论以及它的各种推广在 19 世纪数学发展史中占据着最为光辉的一页.

以上给出了椭圆函数论的一个导引, 想使大家相信这是一门艰深的学问; 另一方面它提供了一个背景材料, 使得我们易于理解黎曼面上半纯函数的研究以及黎曼采取的与众不同的抽象存在法的威力.

黎曼对半纯函数的理解既奇特又深刻 (他能找到一些抽象存在着的半纯函数), 简直神了. 克莱因曾写过这么一个小故事:

1857 年魏尔斯特拉斯向柏林科学院提交一篇首论一般的阿贝尔函数的论文. 与此同时黎曼的一篇同类文章在 Crelle 第 54 卷上发表了. 这篇文章包含了如此众多而又新奇的概念, 使得魏尔斯特拉斯撤回自己的论文, 并且后来再也没有发表.

能使当时的大权威望而却步, 至少要有点魔法才行. 黎曼的魔法来自一个他所称的 "狄氏原理". 他舞动着狄氏原理把一部分数学径直带到了空中楼阁. 与黎曼同时代的许多人很难相信他使用狄氏原理的正确性. 魏尔斯特拉斯甚至用反例警告: 滥用狄氏原理可能出问题. 尽管如此, 由于黎曼引出概念之新奇, 预言结果之深邃, 其震撼了几代人, 激励着许多杰出的数学家在黎曼身后足足忙了五十年, 去重新论证黎曼用狄氏原理得到的结果. 后来在 19 世纪, 希尔伯特统一证明了黎曼采用狄氏原理的正确性, 关于狄氏原理的褒贬之争才算结束.

用狄氏原理来找半纯函数是黎曼的一大发明. 如果要定出一个具有一定特性的半纯函数或满足某微分方程的函数, 想起来总得要写出它的表达式吧, 或至少写成一列表达式的极限. 这里所说的表达式应该理解为初等函数, 如 z^2, $\sin z$, $\log z$, 以及它们的积分、复合函数、反函数, 等等. 椭圆函数论发展的那些年代里, 出现一个著名的函数, 叫魏尔斯特拉斯函数. 人们对它的认识有两个, 一是将它表示为一个椭圆函数的反函数 (正如我们前面谈过的一样); 二是将它写为一个特别的魏尔斯特拉斯级数. 我们不想在此细说这个魏尔斯特拉斯函数, 但希望大家认识到: 魏尔斯特拉斯函数的上述两种表达方式其实正是上面提的用表达式来表示的方法. 而黎曼采用狄氏原理得到的函数就完全不同了, 它们根本就没有表达式. 因此我们不妨把用狄氏原理得到的函数叫抽象函数, 用狄氏原理得到的存在性定理叫作抽象存在性定理. 黎曼的抽象存在性观念在理解半纯函数时使他比同时代的人高明多了, 他的不少成就正得益于此. 下面我们就较具体地介绍狄氏原理. 考察微分方程 $\Delta V = 0$, 其中 V 是 $\mathbb{R}^3$ 上的函数, Δ 是 $\dfrac{\partial^2}{\partial x^2}+\dfrac{\partial^2}{\partial y^2}+\dfrac{\partial^2}{\partial z^2}$. 方程 $\Delta V = 0$ 的解称为调和函数, 或旧称为位势 (函数).

狄氏原理 *设 B 是 $\mathbb{R}^3$ 中一区域. 令 ∂B 是 B 的边界, 它是一个二维闭曲面. 又设 $f: \partial B \to \mathbb{R}$ 是一个定义在边界上的连续函数. 考虑积分*

$$I(U)=\iiint\limits_B\left(\left(\frac{\partial U}{\partial x}\right)^2+\left(\frac{\partial U}{\partial y}\right)^2+\left(\frac{\partial U}{\partial z}\right)^2\right)d\mu,$$

其中 U 取自 B 上的实函数集合, 它在 B 的内部是一次连续可微的, 并且 $U\big|_{\partial B}=f$. 积分式中的 $d\mu$ 是欧氏空间 $\mathbb{R}^3$ 中的标准测度. 如果有二次可微的 V 使积分 $I(V)$ 取 (部分) 极小, 那么 V 满足

$$\begin{cases}\dfrac{\partial^2 V}{\partial x^2}+\dfrac{\partial^2 V}{\partial y^2}+\dfrac{\partial^2 V}{\partial z^2}=0,\\ V\big|_{\partial B}=f.\end{cases}\tag{$*$}$$

上述的狄氏原理实际上早在狄利克雷之前就被英国的格林使用过了, 并且在 1847 年英国的汤普森还将其公开发表. 但在欧洲大陆, 人们一直称它为狄氏原理, 这是因为黎曼带头这样称呼的. 原理中的方程 $(*)$ 之求解称为狄氏问题. 积分 $I(U)$ 称为狄氏积分. 从狄氏原理推知: 如果找到 V 使得狄氏积分达到极小, 那么 V 就是狄氏问题的解.

为了顾及黎曼—罗赫问题中 $\dim\mathscr{L}$ 的下界, 人们总设法在黎曼面上找出一些半纯函数. 正如在黎曼面是单位球面的情形, 人们找出了如下的函数

$$g_\alpha = \frac{1}{(\xi-\xi(p))^\alpha}, \quad \alpha = 0,1,2,\cdots,m.$$

因此现在设法在黎曼面上找出类似 g_α 的半纯函数. 这样的函数写为 $u+iv$, 易见 u 与 v 满足下列条件 (甲) 与 (乙):

(甲) 设 p 是黎曼面 S 上的一个固定点, z 是 p 点的一个邻域 U 中的复坐标使得 $z(p)=0$. 此时 u 是 $S-\{p\}$ 上的实值调和函数, 即若 $w=\alpha+i\beta$ 是 $S-\{p\}$ 中的一个局部复坐标, 则

$$\frac{\partial^2 u}{\partial\alpha^2}+\frac{\partial^2 u}{\partial\beta^2}=0.$$

并且在 p 的邻域中 $u-\mathrm{Re}\left(\frac{1}{z^k}\right)$ 是调和函数, 其中 k 是正整数, $\mathrm{Re}\left(\frac{1}{z^k}\right)$ 是邻域中半纯函数 $\frac{1}{z^k}$ 的实部.

(乙) u 与 v 之间有柯西—黎曼方程联系着. 即对 $S-\{p\}$ 中任一局部坐标 $w=\alpha+i\beta$, 有

$$\begin{cases}\dfrac{\partial u}{\partial\alpha}=\dfrac{\partial v}{\partial\beta},\\[2mm] \dfrac{\partial u}{\partial\beta}=-\dfrac{\partial v}{\partial\alpha}.\end{cases}$$

黎曼采用狄氏原理求出适合 (甲) 的 u, 而根据 (乙) 借助黎曼引进的同调的原始观念 (连通数) 从 u 求出 v. 由此可见为了寻求黎曼面 S 上一类单极点的半纯函数, 黎曼打开了近代微分方程论与代数拓扑学之大门.

黎曼求 u 的过程是: 先写出一个类似的狄氏积分 $I(\ )$, 而后不加论证认为有一实函数 V 使狄氏积分达到极小, 从而由狄氏原理断定 V 是有某种特征的调和函数, 并且就把这个 V 取作 u. 黎曼对达到极小值的 V 之存在性没有给出证明, 但他是另有考虑的 (可能来自

物理学的直观). 因为他说过: 他之所以求助狄氏原理, 只是因为这个原理是他手边较方便的工具. 不管这个工具有什么难处, 用它证明的结果总是成立的. 黎曼的这个意见经魏尔斯特拉斯转告给克莱因, 从而后来为世人所知. 后来希尔伯特挽救狄氏原理时提出一个变分原理. 在变分原理中达到极小值的 V 的存在性是这样证明的. 取一个序列 $v_1, v_2, \cdots$, 使 $I(v_1), I(v_2), \cdots$ 趋于 $I(\ )$ 的下确界, 这个序列叫作极小化序列. 而后对这个序列做适当修改, 使得新的序列仍然是极小化序列, 并且是一个一致收敛的序列. 于是把这个新序列的极限取作 V, 然后再完成黎曼所需要的论证. 当然这里的 v_i, V 皆是没有表达式的, 但是它们是确实存在着的.

黎曼用狄氏原理不但求得 u, 还能证明关于单连通区域的黎曼映射定理, 等等. 我们在此不想对黎曼的狄氏原理法逐一讨论, 只想用一种准确的方式介绍狄氏原理求解 u 的过程. 这一过程在 [6], [7] 有陈述, 具体描述如下: 考虑 S 上的函数集合

$$\mathscr{F} = \left\{ v \in C^\infty(S - \{p\}) \mid v - \mathrm{Re}\left(\frac{1}{z^k}\right) \text{ 在 } p \text{ 附近是 } C^\infty \text{ 的} \right\},$$

其中记号 C^∞ 表示 "无穷次连续可微". 在 p 的坐标邻域 U 中找一个固定的 ε 邻域

$$U_q(p) = \{ q \in U \mid |z(q)| < \varepsilon \},$$

其中 $\varepsilon > 0$. 对于 S 上任意局部复坐标 $z = x + iy$, 以及一个固定的实函数 h, 令

$$|h_z'|^2 = \left(\frac{\partial h}{\partial x}\right)^2 + \left(\frac{\partial h}{\partial y}\right)^2.$$

下面验证被积元 $|h_z'|^2 dxdy$ 与坐标 z 的选取无关. 假设另外有一个复坐标 $w = \alpha + i\beta$. 于是 z 是 w 的全纯函数. 著名的柯西—黎曼条件是

$$\begin{cases} \dfrac{\partial x}{\partial \alpha} = \dfrac{\partial y}{\partial \beta}, \\ \dfrac{\partial x}{\partial \beta} = -\dfrac{\partial y}{\partial \alpha}. \end{cases}$$

令 $\dfrac{\partial x}{\partial \alpha} = a,\ \dfrac{\partial x}{\partial \beta} = b$. 则

$$\begin{aligned}
|h'_w|^2 &= \left(\frac{\partial h}{\partial \alpha}\right)^2 + \left(\frac{\partial h}{\partial \beta}\right)^2 \\
&= \left(\frac{\partial h}{\partial x}\cdot\frac{\partial x}{\partial \alpha} + \frac{\partial h}{\partial y}\cdot\frac{\partial y}{\partial \alpha}\right)^2 + \left(\frac{\partial h}{\partial x}\cdot\frac{\partial x}{\partial \beta} + \frac{\partial h}{\partial y}\cdot\frac{\partial y}{\partial \beta}\right)^2 \\
&= \left(\frac{\partial h}{\partial x}a - \frac{\partial h}{\partial y}b\right)^2 + \left(\frac{\partial h}{\partial x}b + \frac{\partial h}{\partial y}a\right)^2 \\
&= \left\{\left(\frac{\partial h}{\partial x}\right)^2 + \left(\frac{\partial h}{\partial y}\right)^2\right\}(a^2+b^2) \\
&= |h'_z|^2\cdot(a^2+b^2), \\
dxdy &= \begin{vmatrix} \dfrac{\partial x}{\partial \alpha} & \dfrac{\partial x}{\partial \beta} \\ \dfrac{\partial y}{\partial \alpha} & \dfrac{\partial y}{\partial \beta} \end{vmatrix} d\alpha d\beta = \begin{vmatrix} a & b \\ -b & a \end{vmatrix} d\alpha d\beta \\
&= (a^2+b^2)d\alpha d\beta.
\end{aligned}$$

所以

$$|h'_z|^2 dxdy = |h'_w|^2 d\alpha d\beta.$$

在 $\mathscr{F}$ 上定义狄氏积分 $I(\ )$ 如下: 对任意 $v \in \mathscr{F}$, 令

$$I(v) = \iint\limits_{S-U_{\frac{\varepsilon}{2}}(p)} |v'_z|^2 dxdy + \iint\limits_{U_{\frac{\varepsilon}{2}}(p)} \left|\left(v - \mathrm{Re}\left(\frac{1}{z^k}\right) + f(z,\varepsilon)\right)'_z\right|^2 dxdy,$$

其中 $f(z,\varepsilon)$ 是 $U_{\frac{\varepsilon}{2}}(p)$ 上某一个待定的调和函数. 设置 $f(z,\varepsilon)$ 的目的是为了以后调整极小化序列. $f(z,\varepsilon)$ 取得好便能保证调整后的序列是一致收敛的极小化序列. 在谭小江的讲义 [7] 中 $f(z,\varepsilon)$ 取为 $\dfrac{z^k}{\left(\frac{\varepsilon}{2}\right)^{2k}}$, 具体的调整法在那里也有, 我们就不再细说了. 最后稍经验证, 调整后的极小化序列的极限正是上面提的问题的解.

§2.5 经典的黎曼—罗赫定理是怎么证的

为了求得 S 上的单极点半纯函数, 黎曼借助狄氏原理找到一些有奇性的调和函数 u (见上一节), 它们很像是半纯函数的实部. 但是真正证明这事需要进一步论证, 也就是说要从上节 (乙) 中解出 v, 换句话说, 要处理下列问题.

设 u 是 §2.4 中满足 (甲) 的一个解, 试求实函数 v, 使得 $u+iv$ 是 $S-\{p\}$ 上的全纯函数. 如果有这样的 v, 那么 $u+iv$ 是一个以 p 为 k 次极点的半纯函数吗?

这个问题的第二问比较容易回答 (答案当然是肯定的), 留做习题, 请大家自证. 我们现在就专心于问题的前半部分. 下面的讲法相信是符合黎曼当年的思路的.

众所周知, 全纯函数的柯西—黎曼条件是

$$\begin{cases} \dfrac{\partial u}{\partial x} = \dfrac{\partial v}{\partial y}, \\ \dfrac{\partial u}{\partial y} = -\dfrac{\partial v}{\partial x}. \end{cases}$$

为简单计, 以后记 $\dfrac{\partial u}{\partial x}$ 为 u_x, 等等. 当选定 $\xi_0 \in S-\{p\}$ 之后, 对于 $S-\{p\}$ 上任何一点 ξ, 令

$$\begin{aligned} v(\xi) &= v(\xi_0) + \int_{\xi_0}^{\xi} (v_x dx + v_y dy) \\ &= v(\xi_0) + \int_{\xi_0}^{\xi} (-u_y dx + u_x dy). \end{aligned}$$

为了使上式定义的 v 有意义, 即欲求的问题有解, 其充分必要条件是对于 $S-\{p\}$ 中任意一条闭道路 $\gamma: S^1 \to S-\{p\}$ (其中 S^1 是圆周), 都有

$$I(u,\gamma) \equiv \int_{\gamma} (-u_y dx + u_x dy) = 0.$$

现在先让我们来做一个简单的计算. 设 $\gamma_\varepsilon: S^1 \to S-\{p\}: \theta \mapsto z(\theta) = \varepsilon e^{i\theta}$, 其中 ε 是一个充分小的正数, θ 是单位圆周的角度参数.

对于 S 上一个绕 p 点的小圆圈 γ_ε, 我们来证明

$$I(u,\gamma_\varepsilon)\equiv\int_{\gamma_\varepsilon}(-u_y dx+u_x dy)=0.$$

由 u 的构造可知: 在 p 点附近

$$u=\mathrm{Re}\left(\frac{1}{z^k}+h\right),$$

其中 h 是一个调和函数 (在 p 点也调和). 记 $w=\mathrm{Re}\left(\dfrac{1}{z^k}\right)$. 于是

$$\int_{\gamma_\varepsilon}(-u_y dx+u_x dy)=\int_{\gamma_\varepsilon}(-w_y dx+w_x dy)+\int_{\gamma_\varepsilon}(-h_y dx+h_x dy).$$

由格林公式可知

$$\int_{\gamma_\varepsilon}(-h_y dx+h_x dy)=\iint\limits_{D_\varepsilon}(h_{xx}+h_{yy})dxdy=0,$$

其中 D_ε 是 S 中由 γ_ε 包围的圆盘. 在 p 点附近取极坐标 (ρ,θ) 使得

$$\begin{cases}x=\rho\cos\theta,\\ y=\rho\sin\theta,\end{cases}$$

由此可推得

$$\begin{cases}dx=\cos\theta\cdot d\rho-\rho\sin\theta\cdot d\theta,\\ dy=\sin\theta\cdot d\rho+\rho\cos\theta\cdot d\theta.\end{cases}$$

从而有

$$\begin{cases}d\rho=\cos\theta\cdot dx+\sin\theta\cdot dy,\\ d\theta=-\dfrac{\sin\theta}{\rho}dx+\dfrac{\cos\theta}{\rho}dy.\end{cases}$$

亦即

$$\rho_x=\cos\theta,\qquad \rho_y=\sin\theta,$$
$$\theta_x=-\frac{\sin\theta}{\rho},\quad \theta_y=\frac{\cos\theta}{\rho}.$$

由于

$$w=\mathrm{Re}\left(\frac{1}{z^k}\right)=\mathrm{Re}\left(\frac{\overline{z}^k}{|z|^{2k}}\right)=\mathrm{Re}\left(\frac{e^{-ik\theta}}{\rho^k}\right)=\frac{\cos k\theta}{\rho^k},$$

从而有

$$
\begin{aligned}
w_x &= w_\rho \cdot \rho_x + w_\theta \cdot \theta_x = -\frac{k}{\rho^{k+1}}(\cos k\theta \cdot \cos\theta - \sin k\theta \cdot \sin\theta) \\
&= -\frac{k}{\rho^{k+1}} \cos(k+1)\theta, \\
w_y &= w_\rho \cdot \rho_y + w_\theta \cdot \theta_y = -\frac{k}{\rho^{k+1}}(\cos k\theta \cdot \sin\theta + \sin k\theta \cdot \cos\theta) \\
&= -\frac{k}{\rho^{k+1}} \sin(k+1)\theta, \\
&\int_{\gamma_\varepsilon} w_x dy - w_y dx \\
&= -\int_0^{2\pi} \frac{k \cdot \varepsilon}{\varepsilon^{k+1}} \big(\cos(k+1)\theta \cdot \cos\theta + \sin(k+1)\theta \cdot \sin\theta\big) d\theta \\
&= -\frac{k}{\varepsilon^k} \int_0^{2\pi} \cos k\theta \cdot d\theta = 0.
\end{aligned}
$$

做完了上面的简单计算之后, 我们可以将

$$
I(u,\gamma) \equiv \int_\gamma (-u_y dx + u_x dy)
$$

的定义做一些推广, 使得对 S 中的任意闭道路 γ 都有定义. 由于 γ 可能包含 p 点 (见下图), 而 u 在 p 点无定义, 所以线积分 $I(u,\gamma)$ 一开始就没法定义. 现在可以将 γ 在 p 点附近稍稍变动避开 p 点 (见下图), 在变动了的 γ 上做线积分. 由于上面简单的计算, 我们知道, 不管怎么避开 p, 积分值总是不变的. 因此可以对任意的闭道路 γ 定义 $I(u,\gamma)$ 了.

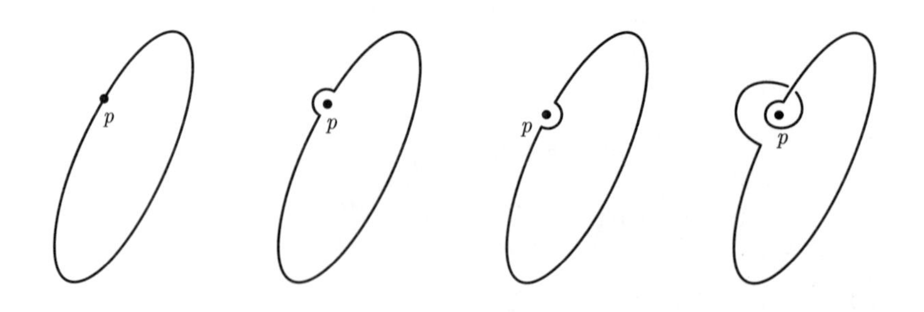

下面我们回到原先要处理的问题. 即如何能保证对于 S 中任意

一条闭道路 γ, 下列等式成立:

$$I(u,\gamma)=0.$$

当进一步利用格林公式来考察积分 $I(u,\gamma)$ 时, 可以发现: 当闭道路 γ_0, γ_1 满足某种条件时, $I(u,\gamma_0)=I(u,\gamma_1)$. 这里提的“某种条件”就是“彼此同调”, 详情请见第三章 §3.1. 具体来说, 经过上面的考察之后, 容易发现作为 γ 的函数 $I(u,\gamma)$ 可以被在几条特殊闭道路 $\gamma_1,\cdots,\gamma_N$ 上的取值所完全确定. 例如当 S 是环面时, γ_1 与 γ_2 是 S 上两条特殊闭道路, 如图所示.

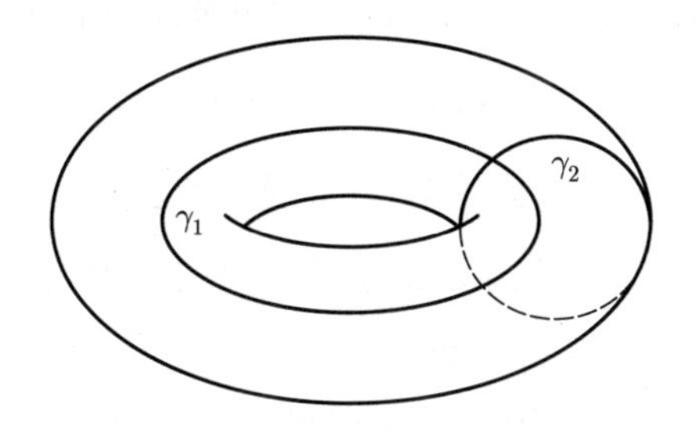

当 $I(u,\gamma_1)$ 与 $I(u,\gamma_2)$ 定下来之后, 函数 $I(u,\cdot)$ 就完全被确定下来了. 再细致一点, 可知只要 $I(u,\gamma_1)=I(u,\gamma)=0$, 则对一切的 γ, $I(u,\gamma)=0$. 或许是为了更好地了解 $I(u,\gamma)$, 黎曼研究了紧致黎曼面的拓扑分类. 得到的结论是: 任何一个闭的 (即无边界的) 紧黎曼面必定与下列某一个曲面同胚 (即有双方一一的彼此互逆的连续映射).

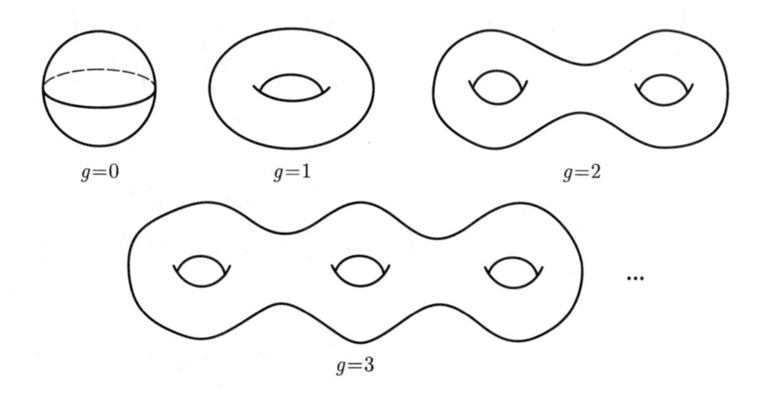

这些曲面可以用刻画特征的量 g 来区分. g 表示上面那串曲面中“洞”

的个数. 在数学上讲, g 就称为曲面的亏格.

黎曼做完了紧黎曼面的分类工作之后, 他便容易证出

命题　设 g 是闭紧致黎曼面的亏格, 则在该黎曼面上有 $2g$ 个闭道路 (具体画出来的) $\gamma_1, \cdots, \gamma_{2g}$, 使得只要

$$I(u, \gamma_1) = I(u, \gamma_2) = \cdots = I(u, \gamma_{2g}) = 0,$$

则对于一切的闭道路 γ,

$$I(u, \gamma) = 0.$$

现在我们来说明, 如何利用这个命题来证明下列形式的不等式

$$\dim \mathscr{L}(D) \geqslant m,$$

其中 m 是某待定的正整数, $\mathscr{L}(D)$ 是某类半纯函数的集合, 它的定义出现在 §2.3 中, $D = \sum\limits_{i=1}^{h} n_i p_i$ 是黎曼面上的一个除子. 我们假定这里的 n_i 皆是正的 (n_i 不全正的情形, 可以修改证明的过程, 不过我们不细说了). 我们把上一节用狄氏原理找出的带有奇性的调和函数记为 $u_{(p,k)}$. 现在我们把 §2.4 中求 $u_{(p,k)}$ 的问题稍稍修改一下, 考虑

问题′　设 S 是一个紧黎曼面, $p \in S$, z 是 p 点邻域 U 中的复坐标并且 $z(p) = 0$. 试寻找一个解: 在 p 的一个邻域中 $\nu(z) - \mathrm{Re}\left(-i\dfrac{1}{z^k}\right)$ 是调和函数, 其中 k 是正整数.

如同 §2.4 一样, 利用狄氏原理可证明上述问题′至少有一个解, 我们把这个解记作 $v_{(p,k)}$. 由下列 $2\deg(D)\left(\equiv 2\sum\limits_{i=1}^{h} n_i\right)$ 个元的集合

$$\left\{u_{(p,k_i)},\ v_{(p,k_i)} \,\middle|\, i = 1, \cdots, h\ ;\ 1 \leqslant k_i \leqslant n_i\right\}$$

和常值函数 1 与 i 合起来张成一个实向量空间 V. 容易看出它的 (实) 维数恰是 $2\deg(D) + 2$. 令 W 是 V 的子空间, 它是由满足下列线性方程的 u 所组成的:

$$\begin{cases} I(u, \gamma_1) = 0, \\ \quad\cdots\cdots \\ I(u, \gamma_{2g}) = 0, \end{cases} \qquad \boxed{\begin{array}{c} u\text{ 有配偶而合成半纯} \\ \text{函数} \Leftrightarrow I(u, \gamma) = 0 \end{array}}$$

其中 g 是黎曼面的亏格. 所以

$$\dim_{\mathbb{R}} W \geqslant 2\deg(D)+2-2g.$$

由于 $\mathscr{L}(D)$ 是复线性空间, 其内又包含着一个实 $2(\deg(D)+1-g)$ 维子空间, 故

$$\dim_{\mathbb{C}} \mathscr{L}(D) \geqslant \deg(D)+1-g.$$

这就是黎曼公式. 把上面的推理稍做修改以适用于一般的 D 的情形, 黎曼公式便证出来了.

后来黎曼的学生罗赫引进了一个非负整数 $i(D)$, 沿着黎曼走过的路, 最后证出下列公式

$$\dim_{\mathbb{C}} \mathscr{L}(D) = \deg(D)+1-g(S)+i(D).$$

这就是著名的黎曼—罗赫公式.

为完整计, 我们现在来简单介绍 $i(D)$ 的定义. 设 S 是一个黎曼面. 在它的一个复坐标邻域内, 选定坐标 z. 若 $f(z)$ 是定义在该坐标邻域内的复值函数, 那么 $f(z)dz$ 就是这个邻域中的一个一次复微分式, 简称 1– 形式. 这个 $f(z)dz$ 只是一个记号, 暂时还谈不上有什么意义. 但是关于它有一个要紧的规定如下: 若在这个邻域中又有一个复坐标 ω, 及 1– 形式 $g(\omega)d\omega$, 我们将等式

$$f(z)dz = g(\omega)d\omega \tag{$*$}$$

定义为另一个等式

$$f(z(\omega))\frac{\partial z}{\partial \omega} = g(\omega). \tag{$**$}$$

有了上述 "等同 $(*)$" 的规定之后, 我们可以定义什么是 S 上的 1– 形式了.

定义　*S 上的一个 1– 形式 ω 定义为: 在 S 的任一复坐标系 $\{z\}$ 下, ω 写为*

$$\omega = f(z)dz.$$

在不同的坐标系下, ω 的不同写法按等式 $(*)$ 或 $(**)$ 等同.

在上述定义中的 $f(z)$ 等取半纯函数, 这时 ω 就称为半纯 1– 形式.

设 ω 是 S 上的一个半纯 1– 形式, $a \in S$. 对 a 点附近的任一复坐标 z, ω 表示为

$$\omega = f(z)dz.$$

则容易验证: $\nu_a(f)$ 与坐标系 $\{z\}$ 的选取无关, 只和 ω 有关. 这就是说, 如果又取一复坐标系 $\{w\}$,

$$\omega = g(w)dw,$$

则

$$\nu_a(g) = \nu_a(f)$$

(此事验证极易, 请大家自证). 此时我们令

$$\nu_a(\omega) = \nu_a(f),$$
$$(\omega) = \sum_a \nu_a(\omega)a.$$

定义 对于 S 上的任意除子 D, 令

$$K^1(D) = \left\{\omega \;\middle|\; \omega \text{ 是半纯 } 1-\text{形式}, (\omega) \geqslant D\right\},$$
$$i(D) = \dim_{\mathbb{C}} K^1(D).$$

至此黎曼—罗赫公式的各项皆介绍了, 并且还就主要情形, 描绘了黎曼—罗赫公式的证明. 在描绘的证明中出现了两件事: (1) 关于闭紧黎曼面的拓扑分类; (2) 为了保证

$$I(u, \gamma_1) = I(u, \gamma_2),$$

而对 γ_1 与 γ_2 加的 “同调” 条件. 这两件事在后来代数拓扑学的发展中至关重要. 下一章就 “同调” 做些介绍.

第三章　同调论

§3.1　同调观念的产生

同调论是近一百五十年来几何研究中最重要的发现. 拓扑学、微分几何、复流形、代数几何、同调代数等科目中的许多重大进展都与同调论密切相关. 可以毫不夸张地说, 20 世纪如果没有同调论, 那么数学舞台便会乱套了. 这个现实或许在 20 世纪初还难以为人感知. 就连伟大的数学家希尔伯特在 1900 年提出 23 个数学问题时也没有碰到同调论的边. 但是到了 20 世纪末, 同调论已是如日中天, 谁也不会怀疑它的存在了.

这本小册子不是讲同调论的. 但是由于小册子涉及的许多内容是以同调论为背景的, 所以不得不在此做些介绍. 一个直接的目的是便于以后阐述高斯—博内公式与黎曼—罗赫公式在同调的道路上汇合这一要紧的现象.

在同调论产生的时代, 同调论与代数拓扑学几乎是同语反复. 这是因为在代数拓扑学的大旗下, 同调及其应用至少占百分之九十的份量. 所以我们先从代数拓扑的产生谈起.

大家一定听说过哥尼茨堡七桥问题吧. 哥尼茨堡早先是东普鲁士的首府, 市区横贯着勃勒格河, 河上架着七座桥. 我们将七座桥编号为 $1, 2, \cdots, 7$ 如下图.

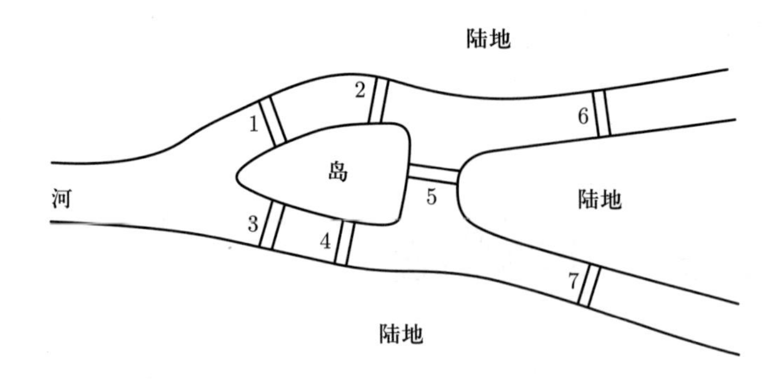

试问一个散步的人能否找到一个步行方案使得他走遍七座桥, 但每桥只能经过一次? 这就是七桥问题. 将哥尼茨堡的陆地、岛各自在自身中收缩为一个点, 于是便得四个点. 又将每一座桥自然地看成某两点之间的一条连线. 这样我们便得到如下一个网络.

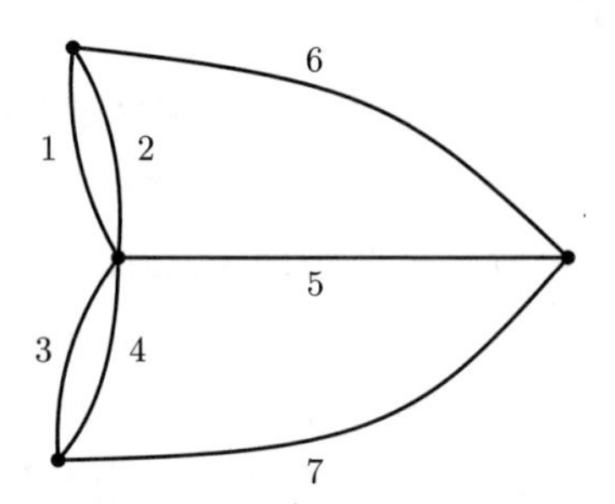

容易看出七桥问题等价于上述网络的一笔画问题, 即能否不使笔尖离开纸面而画出上述网络 (当然每条线只能画一遍)? 由于上述网络的四个顶点皆是奇顶点, 即在该顶点进出共奇数条棱, 从而易知这个网络不能一笔画成. 所以七桥问题没有解.

再看一个前面说过的例子. 一个图形 (或一个空间) 的欧拉数是借助图形的随便一个单纯剖分来计算的. 数一数剖分中各维单形的个数, 再取交错和便得欧拉数. 一个关键的事实是: 这个欧拉数不依赖于剖分的选取, 从而它反映了图形 (空间) 自身的一个性质.

上述七桥问题是否可解与它所对应的网络中奇顶点的个数有关. 至多有两个奇顶点的网络才是可解的, 否则不可解. 奇顶点的个数和欧拉数一样也是反映图形自身的一个特性的. 假若我们把图形或放大, 或压缩, 或不撕破地拉拉扯扯, 那么奇顶点的个数、欧拉数皆是不变的. 它们反映了一种与图形的大小、夹角、歪曲程度无关的性质. 用句学究式的话说, 那是图形的拓扑性质. 这就提醒人们意识到, 千百年来的几何学只是研究图形的大小、面积、夹角、弯曲度等度量性质, 而现在应该还要处理拓扑性质了. 七桥问题、欧拉数剖分不变性以及其他一些别的问题, 例如闭曲面的分类、单侧曲面的例子、地图着色问题等都展示了一些拓扑性质和拓扑问题. 它们为代数拓扑学的诞生鸣锣开道. 代数拓扑学终于在 1899 年因庞加莱的一篇文章而出世了. 这篇文章在澄清贝蒂数概念的基础上, 提出了用剖分算贝蒂数的办法. 实际上它是一篇使同调论成形的文章. 因此可以说代数拓扑学初期就是同调论.

同调论出生在一个小小的三家村里, 这与数学中其他重要的发现不大相同. 大有成大事者不谋于众的味道. 三家村是由黎曼、贝蒂、庞加莱组成的. 庞加莱曾说: "黎曼之后是贝蒂, 他引进了一些基本概念, 但是贝蒂之后就没有人了." 其实这是说在贝蒂与他之间没有第二人了. 庞加莱在 1895 年发表了一篇题为 "形势分析" 的论文, 以后又陆续发表了五篇 "补充". 我们前面提到的 1899 年的论文是其中的 "第一篇补充". 毫无疑问庞加莱的这六篇文章是代数拓扑学 (或同调论, 或组合拓扑学) 的奠基性文章. 在这批论文中还包含了一个欧拉—庞加莱公式, 它把欧拉数 (各维单形个数的交错和) 表示为各维贝蒂数的交错和, 即给出欧拉数的一个同调意义下的新解释. 这个新的解释将使高斯—博内公式与黎曼—罗赫公式走到一起.

现在我们稍稍仔细地介绍同调论. 同调论是关于同调观念的理论. 那么什么是同调呢? 早年这个观念深奥地蜷伏在黎曼关于复函数的文章中. 黎曼本人虽给了定义但没有说透, 别人也看不出所以然来 (当然庞加莱是个例外, 他看懂了, 并且还大彻大悟). 所以我们现在不想从黎曼的原始想法中来解说同调, 以免非但没有使读者明白, 自己也糊涂了. 最省事的办法是先用浅显的语言介绍同调, 而后我们和读者一道来理解黎曼.

在一个曲面 M 上, 同调的观念是 M 上闭曲线的一种分类法, 即它是闭曲线集合中的一个等价关系 $\sim$. 在数学中等价关系需要满足下列三条性质 (i), (ii), (iii). 在现在的情形下, 对于任意闭曲线

x, y, z, 有

(i) 反身性: $x \sim x$;

(ii) 对称性: 若 $x \sim y$, 则 $y \sim x$;

(iii) 传递性: 若 $x \sim y$, $y \sim z$, 则 $x \sim z$.

粗略定义同调如下. x 同调于 y (记为 $x \sim y$) 是指: x, y 是 M 上两条闭曲线, 在 M 上存在一个二维面块 σ, 使得 x 与 y 构成 σ 的边界.

上述关于同调的粗略定义实在太粗糙了. 至少有四个概念需要仔细讲清楚. 它们是 (1) 闭曲线, (2) 面块, (3) 边界, (4) x "与" y. 由于这四个概念的定义讲起来颇费口舌, 所以留在后面再说. 对于当前的事实先介绍另一个分类法 (等价关系), 它就是同伦. 同伦的定义是很容易弄准确的, 加之可以把它与同调作比较, 帮助我们既从数学含义上也从历史发展的角度上来理解同调. 在谈论同伦时, 一条闭曲线就是一个连续映射

$$\alpha : S^1 \to M,$$

其中 $S^1 = \{(x,y) \in \mathbb{R}^2 \mid x^2 + y^2 = 1\}$.

定义　设 α, $\beta : S^1 \to M$ 是 M 上的两个连续映射 (即两条闭曲线), 如果存在一个连续映射

$$F : S^1 \times [0,1] \to M,$$

使得

$$F\big|_{S^1 \times \{0\}} = \alpha : S^1 \to M,$$
$$F\big|_{S^1 \times \{1\}} = \beta : S^1 \to M,$$

则称 α 与 β 同伦, 并记为 $\alpha \simeq \beta$. 其中 $[0,1]$ 是 0 至 1 的闭区间.

把同伦的定义和前面粗略解说的同调对照起来, 应该承认同伦的观念更初等, 更容易理解. 可是在黎曼的工作中只有同调而无同伦. 同伦的观念是庞加莱后来引进的, 那时黎曼早已作古了. 这样看来好像有点怪, 但是这种怪的现象却是合理的. 黎曼的同调观念寓意于一个 "连通阶数" 的概念之中, 换句话说 "连通阶数" 是同调观念的数量

化. “连通阶数” 的概念我们以后再说, 现在只是想告诉大家: “连通阶数” 被黎曼直接用于曲面的拓扑分类, 它和曲面的亏格有着密切的关系. 另一方面, 同调观念体现在曲线积分的计算之中. 分析学中闭曲线常常作为曲线积分的积分限, 因此作为积分限时的表现当然是对闭曲线研究的重要依据. 在上一章 §2.5 证明经典的黎曼 — 罗赫定理时, 我们讨论积分

$$I(u,\gamma)=\int_{\gamma}(-u_y dx+u_x dy).$$

为着简便的目的, 这一节我们将考察全纯微分式的积分

$$\int_{\gamma}\omega.$$

不管我们讨论的是上述哪一种积分, 我们都想考虑在两条闭曲线上积分相等的条件是什么. 这个条件是: 两条闭曲线彼此同调.

上面的一番解说告诉我们: 同调比同伦更直接联系着一些数学现象. 从而逻辑上比较复杂的同调观念就会早于逻辑上比较简单的同伦观念了. 现在让我们来考察微分式的积分, 即一次微分式在曲线上的积分, 以便体会作为积分限的闭曲线之表现. 在第二章末尾, 我们介绍了一次微分式. 在一个复坐标邻域内, 取定复坐标 z, 一次微分式 ω 表示为 $f(z)dz$, 其中 $f(z)$ 是复值函数 (不必是全纯或半纯的). 如果 $f(z)$ 是全纯的 (或半纯的), 则称原微分式为全纯 (或半纯) 微分式. 设 Ω 是一个复平面上的区域, 它可以有洞, 也可以不连通, 例如可如下图所示 (Ω 也可以是一个黎曼面).

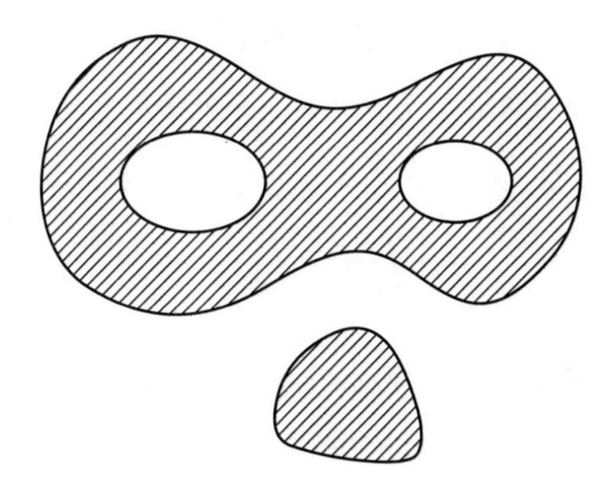

Ω 中的一条道路是一个映射 $\gamma:[0,1]\to\Omega$. 如果 $\gamma(0)=\gamma(1)$, 则称 γ 为闭道路. 在 Ω 的一个局部坐标 z 下, 一个微分式 ω 表示为

$$\omega=f(z)dz,$$

一条道路 (在 Ω 是黎曼面的情形, 无妨先假定它的像集 $\gamma([0,1])$ 在一坐标邻域中) 表示为

$$\gamma(t)=x(t)+iy(t),$$

其中 $x+iy=z$ 是局部坐标. 令 $f(\gamma(t))=u(t)+iv(t)$. 则定义曲线积分为

$$\begin{aligned}\int_\gamma\omega=\int_\gamma f(z)dz&=\int_0^1(u(t)+iv(t))(x'(t)+iy'(t))dt\\&=\int_0^1(u(t)x'(t)-v(t)y'(t))dt+i\int_0^1(v(t)x'(t)+u(t)y'(t))dt.\end{aligned}$$

容易验证上述定义的积分 $\int_\gamma\omega$ 与复坐标 z 的选取无关. 对于像集不在一个坐标邻域中的道路 γ, 可以将 γ 分成几个小道路的首尾连接, 再对每一个这种小道路 (当它们的像集都在坐标邻域中时), 用上面的方法定义积分, 最后求和得到 γ 上的积分 (细致的验证留给读者). 设 $\gamma:[0,1]\to\Omega$ 是一条道路, 若 $\gamma(0)=\gamma(1)$, 则称 γ 是 Ω 中的一条闭道路. 令 $\Gamma(\Omega)$ 是 Ω 上所有分段 C^∞ 的闭道路构成的集合. 现在我们来探讨这样一个问题, 那就是在 $\Gamma(\Omega)$ 中寻求一个等价关系 $\sim$, 使得若 γ_1, $\gamma_2\in\Gamma(\Omega)$, $\gamma_1\sim\gamma_2$, 则对 Ω 中任意全纯 $1-$ 形式 ω, 必有

$$\int_{\gamma_1}\omega=\int_{\gamma_2}\omega.$$

下面我们说明同伦 $\sim$ 这个等价关系就满足上述要求, 即若 $\gamma_1\sim\gamma_2$, 则

$$\int_{\gamma_1}\omega=\int_{\gamma_2}\omega.$$

在这里需要一些说明. 在前面定义同伦中, 考虑的闭道路是

$$\gamma:S^1\to\Omega,$$

其中 γ 只需连续就行了, 而现在考虑的闭道路是

$$\widetilde{\gamma}:[0,1]\to\Omega,$$

并且满足 $\widetilde{\gamma}(0)=\widetilde{\gamma}(1)$. 这里的 $\widetilde{\gamma}$ 需分段 C^∞. 这种差异对于理解 $\int_\gamma \omega$ 是非本质的. 我们很容易把 $\widetilde{\gamma}$ 看成

$$\gamma: S^1\to\Omega,\ e^{i2\pi\theta}\mapsto\widetilde{\gamma}(\theta).$$

关于道路的可微性方面适当加一点条件后来考虑积分. 这一方面我们不细说了. 我们证明下列引理, 使读者感觉到同伦的等价关系足以保证积分相等.

引理　设 $\gamma_0,\ \gamma_1:[0,1]\to\Omega$ 是两条闭道路 (即 $\gamma_0(0)=\gamma_0(1)$, $\gamma_1(0)=\gamma_1(1)$), 它们具有适当的可微性 (以保证引理证明中的运算成立). 又设 $F:[0,1]\times[0,1]\to\Omega$ 是连接 $\gamma_0,\ \gamma_1$ 的闭道路同伦, 即

$$F\big|_{[0,1]\times\{0\}}=\gamma_0,\quad F\big|_{[0,1]\times\{1\}}=\gamma_1$$

(当然 F 还要满足 $F(0,t)=F(1,t),\ \forall t\in[0,1]$, 才能说它是闭道路同伦). 则对任意全纯的 ω,

$$\int_{\gamma_0}\omega=\int_{\gamma_1}\omega.$$

证明　当 $\gamma(t)=x(t)+iy(t)$ 时, 记 $\gamma'=x'(t)+iy'(t)$. 我们有

$$\begin{aligned}
&\int_{\gamma_1}\omega-\int_{\gamma_0}\omega\\
=&\int_0^1 f(\gamma_1(t))\gamma_1'(t)dt-\int_0^1 f(\gamma_0(t))\gamma_0'(t)dt\\
=&\int_0^1 f(F(t,1))F_t(t,1)dt-\int_0^1 f(F(t,0))F_t(t,0)dt\\
=&\int_0^1 ds\cdot\frac{\partial}{\partial s}\left[\int_0^1 f(F(t,s))\cdot F_t(t,s)dt\right]\\
=&\int_0^1 ds\left[\int_0^1\left(\frac{\partial f}{\partial z}(F(t,s))\cdot F_s(t,s)\cdot F_t(t,s)\right.\right.\\
&\left.\left.+f(F(t,s))F_{ts}(t,s)\right)dt\right]
\end{aligned}$$

$$
\begin{aligned}
&= \int_0^1 dt \int_0^1 \left[\frac{\partial f(F(t,s))}{\partial t} \cdot F_s(t,s) + f(F(t,s)) \frac{\partial}{\partial t} F_s(t,s) \right] ds \\
&= \int_0^1 dt \cdot \frac{\partial}{\partial t} \left[\int_0^1 f(F(t,s)) F_s(t,s) ds \right],
\end{aligned}
$$

其中 F_t 表示 $\dfrac{\partial F}{\partial t}$. 由于 $F(0,s)=F(1,s)$, $F_s(0,s)=F_s(1,s)$, 故上式为零, 从而引理成立. □

在上述证明中 $f(z)dz$ 是全纯的这一条件用在哪里呢? 下列两等式借助全纯条件, 方能得到证明:

$$
\begin{aligned}
\frac{\partial}{\partial t} f(F(t,s)) &= \frac{\partial f}{\partial z}(F(t,s)) \cdot F_t(t,s), \\
\frac{\partial}{\partial s} f(F(t,s)) &= \frac{\partial f}{\partial z}(F(t,s)) \cdot F_s(t,s),
\end{aligned}
$$

其中 $\dfrac{\partial f}{\partial z}$ 是全纯函数 $f(z)$ 的导数. 如果全纯函数 $f(z)$ 表示为

$$
f(z) = u(x,y) + iv(x,y),
$$

那么有柯西—黎曼条件

$$
\begin{cases}
\dfrac{\partial u}{\partial x} = \dfrac{\partial v}{\partial y}, \\
\dfrac{\partial u}{\partial y} = -\dfrac{\partial v}{\partial x}.
\end{cases}
$$

此时

$$
\frac{\partial f}{\partial z} = \lim_{\Delta z \to 0} \frac{f(z+\Delta z) - f(z)}{\Delta z} = \frac{\partial u}{\partial x} + i \frac{\partial v}{\partial x}.
$$

我们再看看如何计算 $\dfrac{\partial}{\partial t} f(F(t,s))$. 若 $F(t,s) = x(t,s) + iy(t,s)$, 则

$$
\begin{aligned}
\frac{\partial}{\partial t} f(F(t,s)) &= \frac{\partial}{\partial t} \Big(u(x(t,s), y(t,s)) + iv(x(t,s), y(t,s)) \Big) \\
&= \frac{\partial u}{\partial x} \cdot \frac{\partial x}{\partial t} + \frac{\partial u}{\partial y} \cdot \frac{\partial y}{\partial t} + i \frac{\partial v}{\partial x} \cdot \frac{\partial x}{\partial t} + i \frac{\partial v}{\partial y} \cdot \frac{\partial y}{\partial t} \\
&= \left(\frac{\partial u}{\partial x} + i \frac{\partial v}{\partial x} \right) \frac{\partial x}{\partial t} + \left(\frac{\partial u}{\partial y} + i \frac{\partial v}{\partial y} \right) \frac{\partial y}{\partial t} \\
&= \left(\frac{\partial u}{\partial x} + i \frac{\partial v}{\partial x} \right) \frac{\partial x}{\partial t} + \left(-\frac{\partial v}{\partial x} + i \frac{\partial u}{\partial x} \right) \frac{\partial y}{\partial t}
\end{aligned}
$$

$$= \Big(\frac{\partial u}{\partial x} + i\frac{\partial v}{\partial x}\Big)\Big(\frac{\partial x}{\partial t} + i\frac{\partial y}{\partial t}\Big)$$
$$= \frac{\partial f}{\partial z} \cdot F_t.$$

于是可知上面提到的两个等式的证明依赖于 $f(z)$ 的全纯性, 并且这两个等式曾在引理的证明中用过. 所以在引理成立的条件中 ω 是全纯的.

上面的引理告诉我们: 在同伦的等价关系下, 全纯微分式的积分不变. 这件事的证明只达到微积分中习题的水平, 可是在黎曼的那个年代中情况就不是这样了. 当年有一个类似的引理 (现在我们称为柯西定理), 却是那样地震惊数学界. 黎曼的一位学生做过这样的描述. 那时在哥廷根大学图书馆中, 有一期刊登柯西文章的杂志 (《法国科学院会议录》) 一上架之后, 人们发觉黎曼和那期杂志就不见了. 几个星期之后, 当黎曼再次出现在人们面前时, 他说: “这 (指柯西文章) 是新数学的开端.” 现在我们就来看看柯西定理是什么, 而后再将它和上面的引理做比较, 以说明同调观念是极为自然的.

柯西定理　*设 Ω 是复平面中的一个区域, σ 是 Ω 中的一个圆盘或多边形. 令 $\partial\sigma$ 是 σ 的有向边界, 使得沿着 $\partial\sigma$ 行走时, σ 总在左边 (回忆第一章 §1.1). 若 $f(z)$ 是 Ω 上的全纯函数, 则*

$$\int_{\partial\sigma} f(z) = 0,$$

其中积分号下的 $\partial\sigma$ 是一个闭道路, 具体定义请读者自己补出.

柯西定理的证明可以在任何一本复变函数论的教科书中找到, 所以我们在这里就不多嘴了. 不过为了从字面上更好地理解柯西定理, 我们对积分稍微做一些解释. 还是先从 $\partial\sigma$ 谈起. $\partial\sigma$ 是一条有向闭曲线. 假设存在一串分段可微映射

$$\gamma_i : [0,1] \to \Omega, \quad i = 1, \cdots, n,$$

使得

$$\gamma_i(1) = \gamma_{i+1}(0), \quad \forall i = 1, \cdots, n-1,$$
$$\gamma_n(1) = \gamma_1(0).$$

以 $\gamma_1 * \gamma_2 * \cdots * \gamma_n$ 记 $\gamma_1, \cdots, \gamma_n$ 首尾相连构成的有向闭曲线. 当 $\partial\sigma = \gamma_1 * \gamma_2 * \cdots * \gamma_n$ 时, 容易证明

$$\int_{\partial\sigma} f(z)dz = \sum_{i=1}^{n} \int_{\gamma_i} f(z)dz.$$

上述等式的左端因为 Ω 中有整体的坐标 z 而有确切定义. 而如果人们将来处理的 Ω 是黎曼面里的一个区域时, Ω 可能没有整体坐标, 此时等式的左端应该是 $\int_{\partial\sigma} \omega$, 但它不能直接定义, 这时就用右端来定义左端. 只要取诸 γ_i 的像集在坐标邻域内, 并且证明右端与 γ_i 的选取法无关, 那么这种定义就合理了. 上述等式在这个时候就蜕化为一个定义了. 但是它还是给我们带来了好处. 粗略地讲, 微分式的积分可以通过打碎积分限来计算, 闭道路可以打碎这个看法与前面介绍同伦时的看法不一致. 当讨论同伦时, 闭道路可以形变, 但自始至终不能分段打碎. 而现在用作积分限时是容许打碎的. 我们暂时先默记这件事, 而后再考虑: 如何从柯西定理中悟出一个异于同伦的等价关系 (即同调观念) 来呢? 我们不妨采用下列具指导意义的定义: 两条闭曲线 x, y 称为在 Ω 中同调, 如果对于 Ω 中任意全纯微分式 ω, 总有

$$\int_x \omega = \int_y \omega.$$

这里所谓的"具指导意义的定义"并不是真正的定义, 而是人们寻求定义的一个主要动机, 即用闭曲线作为积分限时的表现作为定义同调观念的依据. 现在我们就来回答本节开始部分就定义同调观念而留待解决的四个问题. 第一个问题是: 闭曲线是什么? 根据曲线作为积分限容许打碎这一性质, 我们自然想到闭曲线应该是 $\gamma_1 * \cdots * \gamma_n$, 与 γ_1, $\cdots$, γ_n 的排列顺序无关, 所以此时的闭曲线应该是集合

$$c \equiv \{\gamma_i : [0,1] \to \Omega \mid i = 1, \cdots, n\},$$

使得下列形式和为零:

$$\sum_{i=1}^{n} (\gamma_i(1) - \gamma_i(0)) = 0.$$

第二个问题是: 面块是什么? 细致些讲, 面块是用来保证等式

$$\int_{c_1}\omega=\int_{c_2}\omega$$

成立的一种几何体. 柯西定理使我们意识到上述等式等价于

$$\int_{c_1}\omega=\int_{c_2}\omega+\sum_j\int_{\partial\sigma_j}\omega.$$

结合第三、四个问题, 我们做如下的分析.

以 $C_1(\Omega)$ 记集合 $\{\gamma:[0,1]\to\Omega\}$ 张成的 (无穷维) 线性空间. 那么在 $C_1(\Omega)$ 中下列等式是有意义的, 即等式中各项可确切定义, 并且在线性空间中该等式成立:

$$c_1-c_2=\sum_j\partial\sigma_j. \tag{$*$}$$

这里的 $\partial\sigma_j$ 之含义请参见柯西定理. 按照积分的定义可知由上述等式 $(*)$, 自然导出

$$\int_{c_1}\omega-\int_{c_2}\omega=\sum_j\int_{\partial\sigma_j}\omega.$$

柯西定理断言右端为零. 这样一来, 为保证

$$\int_{c_1}\omega=\int_{c_2}\omega$$

成立, 我们可以这样来定义同调的基本观念.

(i) 设 $c=\{\gamma_i:[0,1]\to\Omega\mid i=1,\cdots,n\}\overset{\text{记}}{=\!=}\sum_{i=1}^n\gamma_i$, 若它满足

$$\sum_i(\gamma_i(1)-\gamma_i(0))=0,$$

则称 c 为“闭道路”或“闭链”.

(ii) 设 c_1 和 c_2 是 Ω 中的两个闭链, 我们称 c_1 同调于 c_2, 如果存在 $\sum_j\sigma_j$, 使得

$$c_1-c_2=\sum_j\partial\sigma_j.$$

同调的更严格的定义将在后面给出. 现在我们来说明如此得来的同调概念与前面说过的同伦是不同的. 考察下列图:

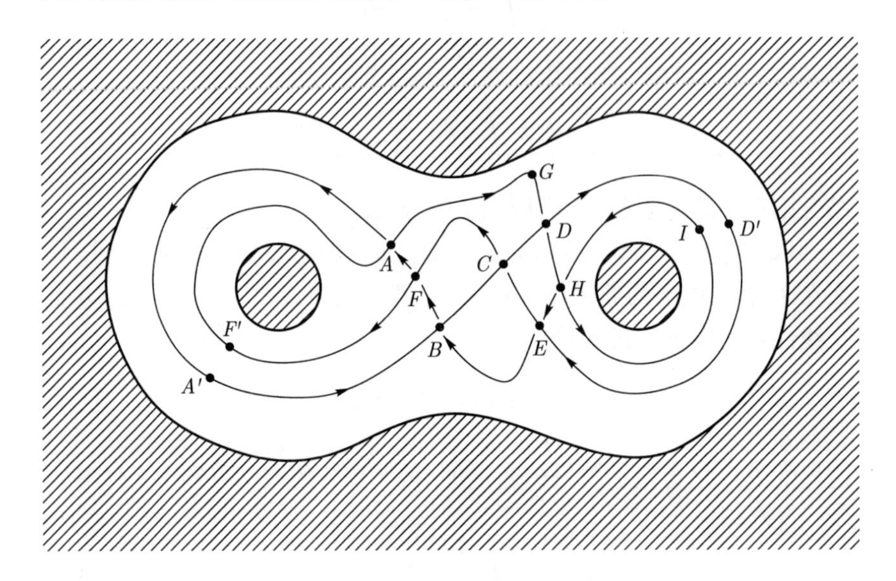

一条同伦意义下的闭道路 $\alpha : S^1 \to \Omega$ 在图中表示为自 A 点出发, 沿箭头方向顺次经过 G, D, H, I, H, E, B, F, A, A', B, C, D, D', E, C, F, F', 再回到 A 点的这一回路. 这个 α 不同伦于零, 即不存在一个映射 $F : S^1 \times [0,1] \to \Omega$, 使得 $F\big|_{S^1\times\{0\}} = \alpha$, 并且 F 将 $S^1 \times \{1\}$ 映为一个点. 证明这件事是一个很好的习题, 请大家动手试一试. 如果把上述 α 看成同调意义下的闭链 (将闭道路分割为一段段线段、首尾连接而成的闭链), 则易知

$$
\begin{aligned}
\alpha &= \partial\big[\langle AA'BFF'A\rangle + \langle FAGDCF\rangle + \langle BCEB\rangle \\
&\quad + \langle DD'EHD\rangle + 2\langle ECDHE\rangle\big] \\
&\equiv \partial\langle AA'BFF'A\rangle + \partial\langle FAGDCF\rangle + \partial\langle BCEB\rangle \\
&\quad + \partial\langle DD'EHD\rangle + 2\partial\langle ECDHE\rangle.
\end{aligned}
$$

当仔细介绍 $\partial\langle AA'BFF'A\rangle$ 等之后, 上述等式的含义是: 将等式两端都打碎分段, 并将诸小段重新排列之后, 使得等式两端完全相同. 上述等式表明 α 同调于零. 综上所述, 对闭道路的分类而言, 同调的分类法较同伦更粗糙, 即彼此同伦的闭道路必是同调的. 这是在同调意义下的闭道路可容许打碎、重排的原因. 对于高维的同调与同伦, 可以仿照这里的讨论来定义, 不过定义出的同调与同伦谈不上谁粗谁细了, 甚至彼此不可比较.

现在我们来介绍 $\partial\langle AA'BFF'A\rangle$ 等记号. 首先回忆前面提到过的柯西定理, 看看在该定理中 $\partial\sigma$ 的含义. σ 是复平面中的一个多边形或圆盘, $\partial\sigma$ 则是一条闭道路, 沿此有方向的闭道路行走, σ 总保持在左手边. 而这里的 $\partial\langle AA'BFF'A\rangle$ 中的 $\langle AA'BFF'A\rangle$ 可以理解为闭道路 $\langle A\to A'\to B\to F\to F'\to A\rangle$ 围成的弯曲多边形 σ, 于是 $\partial\langle AA'BFF'A\rangle$ 就自然理解为柯西定理中的记号 $\partial\sigma$. 如果把闭道路 $B\to C\to E\to B$ 围成的弯曲多边形记作 τ, 按柯西定理中的意义

$$\partial\tau=\text{闭道路 } B\to E\to C\to B\equiv BE+EC+CB,$$

可是在上面计算中出现的 $\partial\langle BCEB\rangle$ 应定义为

$$\partial\langle BCEB\rangle=\text{闭道路 } B\to C\to E\to B\equiv BC+CE+EB.$$

因此我们在计算中采用的记号 $\partial\langle AA'BFF'A\rangle$, $\partial\langle FAGDCF\rangle$, $\partial\langle BCEB\rangle$, $\partial\langle DD'EHD\rangle$, $\partial\langle ECDHE\rangle$ 就和柯西定理中出现的记号 $\partial\sigma$ 稍有差别. 差别在于柯西定理中的 σ 是几何多边形, 而现在的 $\langle AA'BFF'A\rangle$, $\langle FAGDCF\rangle$, $\langle BCEB\rangle$, $\langle DD'EHD\rangle$, $\langle ECDHE\rangle$ 是定向多边形. 在曲线、曲面的积分的学习中想必大家对定向多边形、定向棱道有一些朴素的认识. 例如一个几何多边形可以给它以定向而成为定向多边形, 一个几何多边形的定向恰有两个, 等等. 如果我们把多边形的定向定义为该多边形的边界曲线的一个走向, 那么上面用过的记号 $\langle BCEB\rangle$ 就是一个定向多边形, 它的边界走向是 $B\to C\to E\to B$. 在这个理解下, 有

$$\langle BCEB\rangle=\langle CEBC\rangle=\langle EBCE\rangle.$$

但是

$$\langle BCEB\rangle\neq\langle BECB\rangle.$$

由此接下来定向 $\partial\langle BCEB\rangle$ 便显而易见了, 我们就不多谈了.

上面我们粗粗介绍了曲面上闭道路的同调分类法, 其实这就是曲面上的同调论. 但在黎曼的工作中, “同调” 的概念是通过一个 “连通

阶数" 的概念表现出来的. 黎曼定义连通阶数如下:

如果在 (具有边界的) 曲面 F 上能画出 n 条闭曲线 $a_1, a_2, \cdots, a_n$, 它们各自单独地或集体地都不能把曲面 F 割为两块, 但是任何 $n+1$ 条闭曲线必分割 F 为两块以上, 我们就称这个曲面是 $n+1$ 阶连通的, 或称曲面的连通阶数是 $n+1$.

黎曼根据上述定义, 计算了环面的连通阶数, 结论是 3. 黎曼还对连通阶数进行了几何的讨论, 并且用它把曲面来分类. 黎曼对连通阶数的一个归纳算法给人以深刻印象. 沿着一条横剖线 (*Querschnitt*) 剪开曲面, 把 $n+1$ 阶连通的曲面变为 n 阶连通曲面. 由此可知当剪 k 次之后, 曲面变为多边形 (多边形的连通阶数是 1) 时, 则曲面的连通阶数就是 $k+1$ 了. 贝蒂 (1823—1892) 是比萨大学的一位数学教授. 他曾在意大利见过来访的黎曼, 交谈之后得到真传, 从而对高维图形引进了 "连通阶数" 的概念. 具体来说, 对 n 维图形引进了从 1 到 $n-1$ 维的各个维数的 "连通阶数", 定义如下:

例如, 图形上能作出若干个闭曲面, 而它们集体地也不成为这个图形的任何三维区域的边界, 这种闭曲面的最多个数就被定义为二维连通阶数, 等等.

贝蒂除了给出上述定义, 还对一些四维图形计算了连通阶数. 这足以表明他对 "连通阶数" 的定义是实在的. 后来连通阶数被庞加莱重新命名. 连通阶数减 1 被称为贝蒂数. 这里所说的贝蒂数 (或连通阶数) 与前面谈的同调分类法是密切相关的. 对于曲面的情形, 如果曲面上存在闭道路 $a_1, \cdots, a_n$ 使得

(i) 任意 $\sum' a_i$ 不同调于零;

(ii) 对任意闭道路 b, 存在某 $\sum' a_i$, 使得 b 同调于 $\sum' a_i$,

这时 n 就是一维贝蒂数. 上述表述中的 $\sum' a_i$ 表示 $a_1, \cdots, a_n$ 的一个线性组合.

对于高维图形, 它们的各维贝蒂数也可以类似地用同调语言来表述. 这是庞加莱的重要贡献, 我们将在下一节中对此做进一步介绍.

我们以一个习题来结束本节的讨论.

习题 设 M 是亏格为 g 的闭紧黎曼面, 则

(i) M 的贝蒂数是 $2g$.

(ii) §2.5 中的命题成立.

§3.2 同调群、贝蒂数、欧拉数

庞加莱在 1899 年发表的题为 "形势分析的补充" 的论文宣告了代数拓扑学的诞生. 文章借助空间的剖分, 澄清高维同调的含义, 由此给出贝蒂数的组合算法. 从同调的观念中结晶出同调群, 虽不是庞加莱所为的, 而是后来在 E. 诺特的提醒下产生的, 但定义同调群时所需要的一切概念, 庞加莱都说清楚了. 为了叙述简单, 我们先介绍同调群, 而后再介绍贝蒂数的算法.

空间的一个剖分是将空间分成若干个基本图形之和. 这些基本图形是各个维数的单形的同胚像 (也可以叫作弯曲的单形). 一个 n 维单形可以认为是一个 n 维三角形. 具体说, 零维单形是一个点; 一维单形是一条线段; 二维单形是一个三角形; 三维单形是一个四面体; n 维单形是一个具有 $n+1$ 个顶点的广义 "四面体". 一个单形的边界是一些低维单形之和. 每一个这样的低维单形称为原单形的一个面. 对于空间的每一个剖分, 人们需要加上一些规则性的条件, 它们是:

(i) 空间是有限个 (弯曲的) 单形之和;

(ii) 任何两个 (弯曲的) 单形如果相交, 则交是一个公共面 (自然也是一个单形).

空间的不少性质可以从这个剖分的组合结构得出. 所谓一个剖分的组合结构是指: 它是有限个单形的集合 K, 满足

(i) 若单形 $\sigma \in K$, 则 σ 的所有面皆属于 K;

(ii) 若任意两个单形 σ, $\tau \in K$, 则 $\sigma \cap \tau \in K$.

这个 K (即这个组合结构) 称为一个单纯复合形. 从定义可知, 为了描述一个单纯复合形, 我们先将它的所有零维单形记为 $a_1, a_2, \cdots, a_N$.

由于 K 中每一个单形可以由它的顶点 (零维单形) 唯一确定, 故它是零维单形集的一个子集合 $(a_{i_1},\cdots,a_{i_n})$ (注意此记号中 $a_{i_1},\cdots,a_{i_n}$ 的顺序可以改变, 但仍代表同一子集合, 同一个单形). 以子集合的记号列出 K 中所有单形, 便确切地给出 K 了.

现在我们来考察空间的 "同调" 观念. "同调" 可以用空间的剖分所给出的单纯复合形表现出来. 粗想起来大致如此, 细致的论证那是以后的事了. 前面我们从柯西定理中积分限的性质抽象出同调的观念. 积分限现在自然可理解为单形的线性组合. 不过还需要做一个补充, 那就是 "定向" 问题. 为了说清边缘 ∂, 我们曾讨论过定向多边形、定向棱道. 因此我们现在需要定向单形的概念. 多边形的定向曾经定义为边界曲线的走向. 可是这种定义不易推广到高维, 因为边界的走向较难定义. 好在三角形的定向也可理解为顶点的一个排列, 差一个偶置换的两个排列认为是同一定向. 这样理解三角形的定向可以自然地推广到一切单形 (这或许是庞加莱选用单纯形为基本图形来剖分空间的重要原因).

定义　对于每一个单形 $(a_{i_1},\cdots,a_{i_n})$, 它的顶点的一个排列代表单形的一个定向. 差一个偶置换的两个排列代表同一定向, 差一个奇置换的两个排列代表不同的定向. 从顶点的排列 $a_{i_1},\cdots,a_{i_n}$ 确定单形 $(a_{i_1},\cdots,a_{i_n})$ 的定向, 得到的定向单形记作 $\langle a_{i_1},\cdots,a_{i_n}\rangle$.

由定义可知一个单形恰有两个定向. 不过这个单形不能是零维的. 对于零维单形的定向恐怕需要做一个补充. 零维单形是一个点 a, 不能用顶点的排列代表定向. 这是因为只能有一个排列. 所以我们用 $+a$ 或 $-a$ 来记定向的零维单形. 有时为简单计, 我们把一个单形记为 σ, 赋予定向后得到的定向单形记为 $\overrightarrow{\sigma}$. 也有时为了区分 σ 的两个定向单形, 我们把它们分别记为 $\overrightarrow{\sigma}$, $\overleftarrow{\sigma}$.

定义　设 K 是一个单纯复合形,

(i) K 中 k 维定向单形的线性组合

$$c_1\overrightarrow{\sigma_1}+\cdots+c_l\overrightarrow{\sigma_l}$$

称为一个 k 维链, 其中 $c_1,\cdots,c_l$ 是实数, $\overrightarrow{\sigma_1},\cdots,\overrightarrow{\sigma_l}$ 是 k 维定

向单形. 作为 k 维链来说, 约定

$$c\overrightarrow{\sigma} = -c\overleftarrow{\sigma},$$

其中 c 是任意实数, σ 是 K 中任意 k 维 (几何) 单形. 并规定在链的集合 (实向量空间) 中除上述约定之外, 没有其他非显然的关系.

(ii) k 维链构成的集合记为 $C_k(K,\mathbb{R})$, 它是一个实向量空间, 该空间的维数是单纯复合形 K 中 k 维单形的个数.

(iii) 由下式

$$\partial\langle a_{i_0}a_{i_1}\cdots a_{i_k}\rangle = \sum_{s=0}^{k}(-1)^s\langle a_{i_0}\cdots\widehat{a_{i_s}}\cdots a_{i_k}\rangle$$

诱导出线性空间的同态

$$\partial : C_k(K,\mathbb{R}) \to C_{k-1}(K,\mathbb{R}).$$

其中记号 $\widehat{a_{i_s}}$ 表示 a_{i_s} 这一字不出现 (根据此处定义, 请验证 $\partial^2 = 0$).

(iv) 令

$$\begin{aligned} Z_k(K,\mathbb{R}) &= \{\alpha \in C_k(K,\mathbb{R}) \mid \partial\alpha = 0\}, \\ B_k(K,\mathbb{R}) &= \partial C_{k+1}(K,\mathbb{R}), \\ H_k(K,\mathbb{R}) &= \frac{Z_k(K,\mathbb{R})}{B_k(K,\mathbb{R})}, \end{aligned}$$

并把 $Z_k(K,\mathbb{R})$, $B_k(K,\mathbb{R})$, $H_k(K,\mathbb{R})$ 称为单纯复合形 K 的 k 维闭链群, k 维边缘链群, k 维同调群.

注 1 如果 K 是空间 M 的一个剖分所给出的单纯复合形, 则可以证明空间 M 的 k 维贝蒂数就是 $\dim H_k(K,\mathbb{R})$. 这当然不是当年庞加莱关于贝蒂数的组合算法, 因为那时没有同调群 $H_k(K,\mathbb{R})$ 的概念. 可是有边缘算子 ∂, 便能算出一个数, 这个数用现代观点看时恰是 $\dim H_k(K,\mathbb{R})$. 这就是庞加莱关于贝蒂数的算法.

注 2 庞加莱草创同调论的时候, 无暇给出 $H_k(K,\mathbb{R})$ 的定义, 也没有涉及 $H_k(K,\mathbb{R})$ 和 $\dim H_k(K,\mathbb{R})$ 不依赖于 M 的剖分选取, 即不依赖于 K, 只和 M 有关. 这件事在 1915 年 J. W. 亚历山大证明了贝蒂数的拓扑不变性之后才基本解决.

现在我们应该停下来, 想一想我们花了那么大的篇幅讲解同调究竟是为了什么? 部分答案是: 为了下面的一个庞加莱公式. 这个公式能帮助找到高斯—博内公式和黎曼—罗赫公式的共同点.

庞加莱定理 设 K 是一个单纯复合形, 令 n_k 表示 K 中 k 维单形的个数, 令 K 的欧拉数为

$$\sum_{k\geqslant 0}(-1)^k b_k,$$

其中 b_k 是 K 的 k 维贝蒂数, 即 $\dim H_k(K,\mathbb{R})$. 则有

$$\sum_{k\geqslant 0}(-1)^k n_k=\sum_{k\geqslant 0}(-1)^k b_k.$$

证明 这个定理的证明是一个简单的线性代数问题. 我们已经知道 $n_k=\dim C_k(K,\mathbb{R})$, $b_k=\dim H_k(K,\mathbb{R})$, 故现在要证明下列等式

$$\sum_{k\geqslant 0}(-1)^k n_k=\sum_{k\geqslant 0}(-1)^k b_k.$$

由于

$$H_k(K,\mathbb{R})={Z_k(K,\mathbb{R})}\big/{B_k(K,\mathbb{R})},$$

故

$$\dim H_k(K,\mathbb{R})=\dim Z_k(K,\mathbb{R})-\dim B_k(K,\mathbb{R}), \tag{$*$}$$

又因为

$$C_k(K,\mathbb{R})\xrightarrow{\partial}B_{k-1}(K,\mathbb{R})$$

是满同态, 及 $\partial^{-1}(0)=Z_k(K,\mathbb{R})$, 于是有下列同构

$${C_k(K,\mathbb{R})}\big/{Z_k(K,\mathbb{R})}\simeq B_{k-1}(K,\mathbb{R}).$$

从而有

$$\dim C_k(K,\mathbb{R})=\dim B_{k-1}(K,\mathbb{R})+\dim Z_k(K,\mathbb{R}). \tag{$**$}$$

由 $(*)$ 和 $(**)$ 可得

$$\begin{aligned}\sum_{k\geqslant 0}(-1)^k n_k &= \sum_{k\geqslant 0}(-1)^k \dim C_k(K,\mathbb{R})\\ &= \sum_{k\geqslant 0}(-1)^k \dim B_{k-1}(K,\mathbb{R}) + \sum_{k\geqslant 0}(-1)^k \dim Z_k(K,\mathbb{R}),\\ \sum_{k\geqslant 0}(-1)^k b_k &= \sum_{k\geqslant 0}(-1)^k \dim H_k(K,\mathbb{R})\\ &= \sum_{k\geqslant 0}(-1)^k \dim Z_k(K,\mathbb{R}) - \sum_{k\geqslant 0}(-1)^k \dim B_k(K,\mathbb{R}).\end{aligned}$$

注意到在证等式 $(**)$ 时, 我们曾默认 $B_{-1}(K,\mathbb{R})=\{0\}$, 所以上面两式之右端相等. 这就给出

$$\sum_{k\geqslant 0}(-1)^k n_k = \sum_{k\geqslant 0}(-1)^k b_k.$$

即证得庞加莱公式. □

第四章　同调论的继续

这一章我们还要花大力气谈论同调论, 目的仍和以前一样, 为了使高斯—博内公式与黎曼—罗赫公式走到一起来. 庞加莱的同调论之后有两个演变, 一个是同调群的分析化 (即德 · 拉姆上同调群), 另一个是以层为系数的上同调群.

§4.1　德 · 拉姆上同调

同调论是研究空间的一个强有力手段. 研究什么样的空间便产生什么样的理论. 研究欧氏空间便产生了欧氏几何; 研究黎曼流形便产生了黎曼几何. 有一类很重要的空间叫微分流形, 研究微分流形的过程中, 则产生和发展了同调论 (当然还有别的理论).

微分流形的概念是黎曼提出来的, 这是一个比黎曼面和黎曼流形更基本的观念. 在二维的微分流形上如果能引进复坐标, 则就得到黎曼面. 在微分流形上确定一个黎曼度量之后就得到黎曼流形. 故微分流形是一个较为一般的空间. 这种空间差不多是由下面一个特性来确定的, 即在每一个点的附近, 存在着坐标系, 使得坐标系之间的坐标变换 (在公共坐标邻域内) 是无限次可微的. 由于微分流形有局部坐标系, 故一想起来, 微积分的手段便可以用得上. 另外又可以看到近代数学、近代物理的许多分支皆以微分流形为它的生长点, 所以微分流形的研究不但是值得而且可望是富有成效的.

现在我们来看一个例子. 这个例子在微分流形的研究中曾起着极为重要的作用. 当 x, y, z 是复数时, 由 $f(x,y,z)=0$ 确定的图形是四维的 "曲面", 其中 f 是多项式. 细致考察可知这个图形是可能有一些奇怪的四维微分流形. 贝蒂曾计算出这种空间的连通阶数. 庞加莱也研究过这种空间, 希望由此找到研究 n 维微分流形的一种系统的方法. 起先他采用分析方法, "幸好" 没有取得很多进展. 后来他放弃了分析方法, 采用剖分手段来算贝蒂数和做进一步研究. 这就导致了以同调为核心的代数拓扑学迅猛发展. 传统的分析手段被弃之一旁, 以坐标为特点的微分流形用不上坐标了. 以致有人惊呼: "剖分扼杀了流形!"

尽管庞加莱放弃了分析的手段, 得到了同调, 但是同调的观念却是从分析手段中产生的. 如何用原汁原味的分析手段, 这么一个要紧的问题, 最早由法国大数学家 É. 嘉当处理了. 嘉当在计算紧致李群的同调时没有采用剖分的办法, 而是用分析的手段以李群上的微分式和外微分算子定义出德 · 拉姆上同调群, 接着断言德 · 拉姆上同调群的维数就是贝蒂数. 嘉当本人对他的这个断言并未给出证明, 后来在 1928 年被德 · 拉姆给出了. 因此人们把这个断言称为德 · 拉姆定理. 下面我们解释微分式与外微分算子的概念, 以便大家能较确切体会德 · 拉姆定理的含义.

剖分方法与分析方法之差异, 在于前者采用 "积分限" 来理解同调, 而后者采用 "微分式", 那是积分中的 "被积函数". 当然 "积分限" 与 "被积函数" 都出现在斯托克斯公式之中, 它们是不同的, 但彼此有关联.

最简单的 "微分式" 是一个单变量函数 $f(x)$ 的微分, 通常记为 df, 又称为一次微分式. df 是什么呢? 人们说: 那是 "差分 $f(x+\Delta x)-f(x)$" 的主要线性部分. 这是一种直观的想象, 但用作定义就显得含混了. 后来这个含混的说法已被人们透彻地解释了.

我们先来看看导数的概念. 函数 f 关于自变量 x 的导 (函) 数 $\dfrac{\partial f}{\partial x}$ 定义为

$$\frac{\partial f}{\partial x}=\lim_{\Delta x\to 0}\frac{f(x+\Delta x)-f(x)}{\Delta x}.$$

值得注意的是: 导数与自变量 x 的选取有关. 若另外取一个自变量 y, 一般来讲

$$\frac{\partial f}{\partial x} \neq \frac{\partial f}{\partial y}.$$

可是容易证明 $\frac{\partial f}{\partial x}$ 与 $\frac{\partial f}{\partial y}$ 有下列关系:

$$\frac{\partial f}{\partial x} = \frac{\partial f}{\partial y} \cdot \frac{\partial y}{\partial x}. \tag{*}$$

微分的通常定义 设 f 是实数轴 $\mathbb{R}^1$ 上的函数, 用下式定义映射 $F: Coor(\mathbb{R}^1) \to \mathscr{F}(\mathbb{R}^1)$:

$$F(\{x\}) = \frac{\partial f}{\partial x},$$

其中 $\{x\}$ 是 $\mathbb{R}^1$ 的任意一个坐标, $Coor(\mathbb{R}^1)$ 是 $\mathbb{R}^1$ 上所有坐标的集合, $\mathscr{F}(\mathbb{R}^1)$ 是 $\mathbb{R}^1$ 上所有可微函数的集合. 我们把 F 称为函数 f 的微分, 有时将 F 记为 df.

注 当然还有别的办法可以说得更好一些, 在任何一本微分几何的书中把一次微分式看成一个 "一次反变张量", 或向量场集合上的线性函数. 这种说法的好处在于能推广到 "高次微分式" 情形. 在这里人们当然要先说明 "向量场" 是什么. 不管如何, 含混的 "差分的主要线性部分" 已经有了严格的逻辑定义了.

下面我们把微分式的概念以另一种方式引出. 要点是摆脱 "向量场" 的概念, 换句话说摆脱几何学家精妙构筑的 "向量场". 事实上向量场与微分式是彼此独立但相互等价的两种东西.

单独描绘微分式 (包括高次微分式), 也是很容易的, 那就是把我们在学微积分时, 出现在 "定向积分" 中的 "被积函数" 及其性质全部罗列在一起 (其中包括斯托克斯公式两端的关系, 以及被积函数 (元) 在坐标变换下的改变法则) 而后经过逻辑整理 (当然方便地引入一些记号, 如 $\wedge$, d), 便得到 "微分式系统". 逻辑整理时至多用到行列式的性质. 这个引出的方式至少会使一些不学几何的人高兴.

我们建议大家自己来以这种摆脱 "向量场" 的方式建立 "微分式系统". 由于本小册子篇幅有限, 我们就不和大家一起来做了.

总结上面我们的叙述, 从含混的 “主要线性部分” 出发, 采用一种古怪的方法, 建立 “微分式系统”, 似乎可以用一句话描写: “虽含混而不碍严格, 虽古怪而不掩随和.”

我们把 $\mathbb{R}^n$ 或 M^n 中的微分式系统写成一个已经被证明了的命题.

命题 1　设 U 是 $\mathbb{R}^n$ 中一开集, 则有 $\Lambda^s(U)$, 这里 $s=0,1,2,\cdots,n$. $\Lambda^0(U)$ 是 U 上的可微函数集合. 在 $s\geqslant n+1$ 时, 约定 $\Lambda^s(U)=0$. 在诸 $\Lambda^s(U)$ 中有加法, 乘法 $\wedge$, 和外微分算子 d:

$$+:\Lambda^s(U)\times\Lambda^s(U)\to\Lambda^s(U),\ (\omega_1,\omega_2)\mapsto\omega_1+\omega_2,$$
$$\wedge:\Lambda^r(U)\times\Lambda^s(U)\to\Lambda^{r+s}(U),\ (\omega_1,\omega_2)\mapsto\omega_1\wedge\omega_2,$$
$$d:\Lambda^r(U)\to\Lambda^{r+1}(U),\ \omega\mapsto d\omega.$$

它们满足:

(i) 关于加法 $+$, 有结合律和交换律

$$(\omega_1+\omega_2)+\omega_3=\omega_1+(\omega_2+\omega_3),$$
$$\omega_1+\omega_2=\omega_2+\omega_1;$$

(ii) 关于乘法 $\wedge$, 有结合律和反交换律

$$(\omega_1\wedge\omega_2)\wedge\omega_3=\omega_1\wedge(\omega_2\wedge\omega_3),$$
$$\omega_1\wedge\omega_2=(-1)^{rs}\omega_2\wedge\omega_1,\quad 当\ \omega_1\in\Lambda^r(U),\ \omega_2\in\Lambda^s(U);$$

(iii) 关于 d 有

$$d^2=0;$$

(iv) 关于 $+$ 与 $\wedge$ 有

$$\omega\wedge(\omega_1+\omega_2)=\omega\wedge\omega_1+\omega\wedge\omega_2;$$

(v) 关于 $+$ 与 d 有

$$d(\omega_1+\omega_2)=d\omega_1+d\omega_2;$$

(vi) 关于 $\wedge$ 与 d 有

$$d(\omega_1 \wedge \omega_2) = d\omega_1 \wedge \omega_2 + (-1)^r \omega_1 \wedge d\omega_2, \quad \text{当} \omega_1 \in \Lambda^r(U).$$

上面我们定义了 U 上的微分式. 如果 U_1 和 U_2 是 $\mathbb{R}^n$ 中的两个开集, 并且 $U_2 \subset U_1$, 那么 U_1 中的函数可以限制在 U_2 上, 称为 U_2 上的函数. 对于微分式更有类似的性质. 若 $\omega \in \Lambda^s(U_1)$, 记其限制在 U_2 上的微分式为 $\omega\big|_{U_2} \in \Lambda^s(U_2)$. 容易看出有

引理 2 设 U_1, U_2 是 $\mathbb{R}^n$ 中的两个开集, 若有 $\omega_i \in \Lambda^s(U_i)$, $i = 1, 2$, 适合

$$\omega_1\big|_{U_1 \cap U_2} = \omega_2\big|_{U_1 \cap U_2},$$

则存在唯一 $\omega \in \Lambda^s(U_1 \cup U_2)$ 使得

$$\omega\big|_{U_1} = \omega_1, \ \omega\big|_{U_2} = \omega_2.$$

反之, 若 $\omega \in \Lambda^s(U_1 \cup U_2)$, $\omega\big|_{U_i} = \omega_i$, $i = 1, 2$, 则

$$\omega_1\big|_{U_1 \cap U_2} = \omega_2\big|_{U_1 \cap U_2}.$$

现在我们根据上述引理 2 的精神, 来定义 n 维微分流形 M 上的微分式. 由于微分流形的各个局部皆有坐标系, 因此可取 M 的坐标邻域覆盖 $\{U_i\}$. 如果集合 $\{U_i\}$ 只有有限个元, 即

$$M = \bigcup_{i=1}^{N} U_i,$$

那么对 $\omega_i \in \Lambda^s(U_i)$, $i = 1, \cdots, N$, 当满足

$$\omega_i\big|_{U_i \cap U_j} = \omega_j\big|_{U_i \cap U_j}, \quad \forall i, j$$

时, 则称 $\{\omega_1, \cdots, \omega_N\}$ 是 M 上的一个 s 次微分式, 并记为 ω (此时 $\omega\big|_{U_i} = \omega_i$). 如此得到的 ω 之集合就定义为 $\Lambda^s(M)$. 对于这样定义的 $\Lambda^s(M)$, 易知命题 1 仍然成立. 这样我们便定义了 M 上的微分式系统了.

微分式系统可推导出众多性质. 下面两个引理是最重要的.

引理 A 设 M, N 分别是 m, n 维流形, $f: M \to N$ 是可微映

射, 则存在一个映射

$$f^*: \Lambda^k(N) \to \Lambda^k(M)$$

使得

$$f^*\left(\sum_{i_1,\cdots,i_k} dx_{i_1} \wedge \cdots \wedge dx_{i_k}\right)$$
$$= \sum_{i_1,\cdots,i_k} \sum_{\alpha_1,\cdots,\alpha_k=1}^{m} (g_{i_1,\cdots,i_k} \circ f) \frac{\partial x_{i_1}}{\partial y_{\alpha_1}} \cdots \frac{\partial x_{i_k}}{\partial y_{\alpha_k}} dy_{\alpha_1} \wedge \cdots \wedge dy_{\alpha_k},$$

其中 $(y_1, \cdots, y_m)$, $(x_1, \cdots, x_n)$ 分别是流形 M, N 的局部坐标系. 此外, 还可知: f^* 保持加法 $+$, 乘法 $\wedge$ 和 d, 确切地讲,

$$f^*(\omega_1 + \omega_2) = f^*(\omega_1) + f^*(\omega_2),$$
$$f^*(\omega_1 \wedge \omega_2) = f^*(\omega_1) \wedge f^*(\omega_2),$$
$$d(f^*(\omega)) = f^*(d(\omega)).$$

引理 B 另设 f 是 M 上的函数, 则

$$df = \sum_i \frac{\partial f}{\partial x_i} dx_i.$$

注 上面对于微分流形, 我们引入了 $(\Lambda^k(M),\ +,\ \wedge,\ d,\ f^*)$, 并且描述了它们的性质. 它们其实构成了微分流形上的一个计算体系, 正如我们熟悉的实数, 后者是一个最简单的计算体系. 处理微分流形的问题时, 上面引入的微分式计算体系是基本的, 尽管它比实数体系麻烦多了. 为了描绘同调想法, 我们不得不粗枝大叶地在这里讲微分式系统. 今后有人欲了解细节, 可以参考一般的教材.

下面我们告诉大家, 从微分式的系统可以导出一种同调群, 叫作德 · 拉姆上同调群. 由命题 1 可知我们已有

$$0 \to \Lambda^0(M) \xrightarrow{d} \Lambda^1(M) \xrightarrow{d} \Lambda^2(M) \xrightarrow{d} \cdots \xrightarrow{d} \Lambda^n(M) \to 0.$$

这是一串带 "箭头号" 的序列. 各个 d 皆是同态, 并且有 $d^2 = 0$. 我们把这个序列称为德 · 拉姆复合形. 在第三章 §3.2 中用剖分法定义同调群时我们曾遇到边缘算子 $\partial: C_k(K, \mathbb{R}) \to C_{k-1}(K, \mathbb{R})$, 其中

$C_k(K,\mathbb{R})$ 是 k 维链群. 那时有性质 $\partial^2=0$. 因此人们早就有了一个类似于德 · 拉姆复合形的序列

$$0 \to C_n(K,\mathbb{R}) \xrightarrow{\partial} C_{n-1}(K,\mathbb{R}) \xrightarrow{\partial} C_{n-2}(K,\mathbb{R}) \xrightarrow{\partial} \cdots \xrightarrow{\partial} C_0(K,\mathbb{R}) \to 0.$$

这个序列称为 K 的下链复合形. 回忆那时是如何定义同调群的呢? k 维同调群定义为

$$H_k(K,\mathbb{R}) = \frac{Z_k(K,\mathbb{R})}{B_k(K,\mathbb{R})},$$

其中

$$\begin{aligned} Z_k(K,\mathbb{R}) &= \operatorname{Ker}\{\partial : C_k(K,\mathbb{R}) \to C_{k-1}(K,\mathbb{R})\} \\ &\equiv \{\alpha \in C_k(K,\mathbb{R}) \mid \partial\alpha = 0\}, \\ B_k(K,\mathbb{R}) &= \operatorname{Im}\{\partial : C_{k+1}(K,\mathbb{R}) \to C_k(K,\mathbb{R})\} \equiv \partial C_{k+1}(K,\mathbb{R}). \end{aligned}$$

现在我们从德 · 拉姆复合形也可定义

$$\begin{aligned} Z^k_{dR}(M) &= \operatorname{Ker}\{d : \Lambda^k(M) \to \Lambda^{k+1}(M)\}, \\ B^k_{dR}(M) &= \operatorname{Im}\{d : \Lambda^{k-1}(M) \to \Lambda^k(M)\}, \\ H^k_{dR}(M) &= \frac{Z^k_{dR}(M)}{B^k_{dR}(M)}, \end{aligned}$$

并把 $Z^k_{dR}(M)$, $B^k_{dR}(M)$, $H^k_{dR}(M)$ 分别称为 k 维德 · 拉姆上闭链群、上边缘链群和上同调群. 值得注意的一件事是 $C_k(K,\mathbb{R})$, $Z_k(K,\mathbb{R})$, $B_k(K,\mathbb{R})$, $H_k(K,\mathbb{R})$ 皆是有限维实向量空间, 而 $\Lambda^k(K,\mathbb{R})$, $Z^k_{dR}(M)$, $B^k_{dR}(M)$ 却是无穷维的. $H^k_{dR}(M)$ 是不是有限维的呢? 这个问题如有正面的答案, 显见这个答案一定来得不易. 并且这也就显示定义出的 $H^k_{dR}(M)$ 会有相当的价值. 实际上下面的德 · 拉姆定理给出了更加圆满的解答.

德 · 拉姆定理　设 M 是一个 n 维微分流形, K 是 M 的一个剖分 (给出的单纯复合形), 则存在一个自然的线性空间的同构

$$\Phi_* : H^k_{dR}(M) \to \operatorname{Hom}_{\mathbb{R}}(H_k(K,\mathbb{R}),\mathbb{R}), \quad \forall k = 0,1,\cdots,n,$$

其中

$$\mathrm{Hom}_{\mathbb{R}}(H_k(K,\mathbb{R}),\mathbb{R})=\big\{f:H_k(K,\mathbb{R})\to\mathbb{R}\ \big|\ f\text{ 是实线性映射}\big\}.$$

我们在 Φ_* 前冠以 "自然的" 这个形容词, 这是指 Φ_* 在我们心目中是确切定义了的. 以后我们将对这个确定的 Φ_* 做些描述.

德 · 拉姆定理告诉我们: 和 $H_{dR}^k(M)$ 更接近的不是 $H_k(K,\mathbb{R})$, 而是 $\mathrm{Hom}_{\mathbb{R}}(H_k(K,\mathbb{R}),\mathbb{R})$. 其实从 $H_k(K,\mathbb{R})$ 与 $H_{dR}^k(M)$ 的定义, 也能看出它们有相当的距离. 我们排列下列两个复合形

$$0\to C_n(K,\mathbb{R})\xrightarrow{\partial}C_{n-1}(K,\mathbb{R})\xrightarrow{\partial}\cdots\xrightarrow{\partial}C_1(K,\mathbb{R})\xrightarrow{\partial}C_0(K,\mathbb{R})\to 0,$$
$$0\leftarrow\Lambda^n(M)\xleftarrow{d}\Lambda^{n-1}(M)\xleftarrow{d}\cdots\xleftarrow{d}\Lambda^1(M)\xleftarrow{d}\Lambda^0(M)\leftarrow 0.$$

这两个复合形的走向相反, 第一个复合形叫下复合形, 得到的同调群有时叫下同调群. 第二个复合形叫上复合形, 得到的同调群有时叫上同调群. 为了更好地理解德 · 拉姆定理, 首先自然想到要造一个复合形

$$0\leftarrow C^n(K,\mathbb{R})\xleftarrow{\delta}C^{n-1}(K,\mathbb{R})\xleftarrow{\delta}\cdots\xleftarrow{\delta}C^1(K,\mathbb{R})\xleftarrow{\delta}C^0(K,\mathbb{R})\leftarrow 0,$$

使得它的上同调群 $H^k(K,\mathbb{R})$ 同构于 $\mathrm{Hom}_{\mathbb{R}}(H_k(M,\mathbb{R}),\mathbb{R})$. 当然这时德 · 拉姆同构又可表示为

$$\Psi:H_{dR}^k(M)\approx H^k(K,\mathbb{R}).$$

现在定义上面的复合形如下: 令

$$C^k(K,\mathbb{R})=\mathrm{Hom}_{\mathbb{R}}(C_k(K,\mathbb{R}),\mathbb{R}).$$

又定义

$$\delta:C^k(K,\mathbb{R})\to C^{k+1}(K,\mathbb{R}),\ a\mapsto\delta a$$

满足

$$(\delta a)\alpha=a(\partial\alpha),\quad\forall\alpha\in C_{k+1}(K,\mathbb{R}).$$

现在我们考察 $H^k(K,\mathbb{R})$ 与 $\mathrm{Hom}_{\mathbb{R}}(H_k(K,\mathbb{R}),\mathbb{R})$ 是否同构. 首先

我们有下列自然的线性空间同态

$$\alpha: \mathrm{Hom}_{\mathbb{R}}(C_k(K,\mathbb{R}),\mathbb{R}) \to \mathrm{Hom}_{\mathbb{R}}(Z_k(K,\mathbb{R}),\mathbb{R}),$$
$$\beta: \mathrm{Hom}_{\mathbb{R}}(H_k(K,\mathbb{R}),\mathbb{R}) \to \mathrm{Hom}_{\mathbb{R}}(Z_k(K,\mathbb{R}),\mathbb{R}),$$

它们分别由下列映射

$$\mathring{\alpha}: Z_k(K,\mathbb{R}) \to C_k(K,\mathbb{R}),$$
$$\mathring{\beta}: Z_k(K,\mathbb{R}) \to H_k(K,\mathbb{R}) = Z_k(K,\mathbb{R})/B_k(K,\mathbb{R})$$

诱导出来, 其中 $\mathring{\alpha}$ 是嵌入, $\mathring{\beta}$ 是自然投射. 接下来请大家验证 (i), (ii), (iii).

(i) 存在唯一同态 $\eta: Z^k(K,\mathbb{R}) \to \mathrm{Hom}_{\mathbb{R}}(H_k(K,\mathbb{R}),\mathbb{R})$ 使得下列图表交换

$$\begin{array}{ccccc} Z^k(K,\mathbb{R}) & \longrightarrow & \mathrm{Hom}_{\mathbb{R}}(C_k,\mathbb{R}) & \xrightarrow{\alpha} & \mathrm{Hom}_{\mathbb{R}}(Z_k,\mathbb{R}) \\ & \searrow^{\eta} & & & \uparrow \beta \\ & & & & \mathrm{Hom}_{\mathbb{R}}(H_k,\mathbb{R}) \end{array}.$$

其中 C_k, Z_k, H_k 分别是 $C_k(K,\mathbb{R})$, $Z_k(K,\mathbb{R})$, $H_k(K,\mathbb{R})$.

(ii) $B^k(K,\mathbb{R}) \subset \mathrm{Ker}(\eta) \equiv \eta^{-1}(0)$, 从而有

$$\eta_*: H^k(K,\mathbb{R}) \to \mathrm{Hom}_{\mathbb{R}}(H_k,\mathbb{R}).$$

(iii)

$$\eta_*: H^k(K,\mathbb{R}) \to \mathrm{Hom}_{\mathbb{R}}(H_k,\mathbb{R})$$

是同构.

由于上述的验证是容易的, 故留作习题.

德 · 拉姆定理告诉我们有下列自然同构

$$\Phi_*: H^k_{dR}(M) \to \mathrm{Hom}_{\mathbb{R}}(H_k(K,\mathbb{R}),\mathbb{R}),$$
$$\Psi = \eta_*^{-1}\Phi_*: H^k_{dR}(M) \to H^k(K,\mathbb{R}).$$

上述 Φ_* (或 Ψ) 是同构这一事是在 1928 年由德 · 拉姆给出的. 证明过程中用到的概念全是已知的, 证明的难点在于: 认清楚需要证

明什么, 并且巧妙地造出一些微分式供推理用. 应该说, 这个证明是朴素而初等的, 但定理的结论实在太美妙了. 它把流形上的微积分学和空间剖分的代数算法联系起来, 真是一个了不起的定理!

在这一节将结束之前, 我们大致描述德 · 拉姆同构 Φ_* (或 Ψ) 的具体定义. 设 $\omega \in \Lambda^k(M)$. 对于剖分 K 中每一个 k 维定向单形 $\overrightarrow{\sigma}$, 在 $\overrightarrow{\sigma}$ 上任取坐标系 $\{u_1, \cdots, u_k\}$. 此时 ω 限制在 σ 上便表示为

$$\omega\big|_\sigma = g(u_1, \cdots, u_k) du_1 \wedge \cdots \wedge du_k.$$

其中 σ 是 $\overrightarrow{\sigma}$ 忽略定向之后所代表的一个几何单形. 于是可以定义两个数 a, b,

$$a \equiv \int_\sigma g(u_1, \cdots, u_k) du_1 \cdots du_k,$$
$$b \equiv \epsilon(\overrightarrow{\sigma}, \{u_1, \cdots, u_k\}),$$

其中 a 是一个积分, 想必大家已经熟悉, 故不必说了. $\epsilon(\overrightarrow{\sigma}, \{u_1, \cdots, u_k\})$ 只可能取 $+1$ 或 -1, 它的取值依赖于 σ 的定向与坐标 $\{u_1, \cdots, u_k\}$ 的定向. 这个数也是 “定向” 观念中一个颇重要的内容. 由于它在以后的陈述中不再用到, 故我们在此就不细说了. $\epsilon(\overrightarrow{\sigma}, \{u_1, \cdots, u_k\})$ 的妙处在于有下列引理 3.

引理 3 给定 $\omega \in \Lambda^k(M)$ 和 $\overrightarrow{\sigma}$, 则按上面方法定义的 a, b 之乘积

$$\epsilon(\overrightarrow{\sigma}, \{u_1, \cdots, u_k\}) \int_\sigma g(u_1, \cdots, u_k) du_1 \cdots du_k$$

是一个与坐标系 $\{u_1, \cdots, u_k\}$ 的选取无关的数. 以后记为

$$\int_{\overrightarrow{\sigma}} \omega.$$

引理 4 下列性质 (i), (ii) 成立:

(i)

$$\int_{\overrightarrow{\sigma}} \omega = -\int_{\overleftarrow{\sigma}} \omega,$$

(ii)

$$\int_{\overrightarrow{\sigma}} d\omega = \int_{\partial \overrightarrow{\sigma}} \omega.$$

引理 3 是没法证的, 因为我们没有仔细介绍 $\epsilon(\overrightarrow{\sigma},\{u_1,\cdots,u_k\})$ 的定义. 引理 4 的证明不难, 其中 (i) 是平凡的, (ii) 就是所谓的斯托克斯公式.

利用引理 3, 引理 4, 我们可以定义

$$\theta:\Lambda^k(M)\to \mathrm{Hom}_{\mathbb{R}}(C_k(K,\mathbb{R}),\mathbb{R})\equiv C^k(K,\mathbb{R})$$

满足: 对任意 $\omega\in\Lambda^k(M)$, $\sum\limits_i c_i\overrightarrow{\sigma}_i\in C_k(K,\mathbb{R})$,

$$\theta(\omega)(\sum_i c_i\overrightarrow{\sigma}_i)=\sum_i c_i\int_{\overrightarrow{\sigma}_i}\omega.$$

由引理 4 (ii) 可知 $\theta d=\delta\theta$, 于是

$$\theta(Z^k_{dR}(M))\subset Z^k(K,\mathbb{R}),$$
$$\theta(B^k_{dR}(M))\subset B^k(K,\mathbb{R}).$$

从而 θ 可诱导出

$$\theta_*:H^k_{dR}(M)\to H^k(K,\mathbb{R}).$$

这个 θ_* 就是我们要定义的 Ψ.

§4.2　层及层的上同调群

在第三章中我们曾一再强调, 这本小册子讲同调论的目的是想用它把高斯—博内公式和黎曼—罗赫公式串起来. 在那一章里我们对高斯—博内公式中的一项 (欧拉数) 用同调的语言加以理解, 它就是贝蒂数 (同调群的维数) 的交错和. 现在我们想把黎曼—罗赫公式中某些项之和用同调的语言加以解释, 即将其解释为某种新型同调群的维数之交错和. 这种思考方式显然很别致. 对于一般人来讲, 至少会面临两个难点. 一方面, 怎么会想到这样来提问题; 另一方面, 即使提了这样的问题, 又到哪儿去找符合要求的同调论呢? 这双重的困难, 直到 20 世纪 50 年代才得到解决, 那是小平邦彦与塞尔的功劳. 跟着也就促使希策布鲁赫在 1954 年提出和论证了高维的黎曼—罗赫公式. 现在人们把这个公式称为希策布鲁赫—黎曼—罗赫公式. 小平与塞尔解决困难时用的同调是以层 (Sheaf) 为系数的上同调群 (简称层的

上同调群). 上一节介绍的德 · 拉姆上同调群和小平、塞尔处理的困难无直接关系, 但是它和层的上同调有着解不开的缘分, 所以上一节里要专门对它做介绍. 这一节将介绍层的上同调, 而把小平、塞尔解决的困难和高维黎曼—罗赫公式放到下一章解说.

德 · 拉姆定理的原始证明出现在 1928 年. 在 1947 年韦伊给出了一个新的证明, 但他的文章推迟到 1952 年才发表. 这个新证明对层论的诞生、发展起了决定性的作用. 表面上它与层论无关, 但经小嘉当 (H. Cartan) 体会加工之后终成为当今层论的骨干想法. 层论包含着层的定义、以层为系数的上同调群以及它们的各种应用.

我们不打算仔细介绍韦伊关于德 · 拉姆定理的证明. 欲知详情的读者可以去看参考文献中 Bott-Tu 或 Goldberg 的书. 德 · 拉姆同构可表示为 $\Psi : H^k_{dR}(M) \to H^k(K, \mathbb{R})$, 它是由微分式的积分诱导出来的. 如果用现代的观念来看韦伊的证明, 那么他实际上构造了一串群 $A^{0,k}$, $A^{1,k-1}$, $\cdots$, $A^{k,0}$, H^k, $B^{k,0}$, $B^{k-1,1}$, $\cdots$, $B^{0,k}$, 和一个交换图表

$$
\begin{array}{ccc}
H^k_{dR}(M) & \xrightarrow{\quad\quad\quad\quad\Psi\quad\quad\quad\quad} & H^k(K,\mathbb{R}) \\
\downarrow \alpha & & \uparrow \beta \\
A^{0,k} \xrightarrow{\alpha} A^{1,k-1} \xrightarrow{\alpha} \cdots \xrightarrow{\alpha} A^{k,0} \xrightarrow{\alpha} H^k & \xrightarrow{\beta} B^{k,0} \xrightarrow{\beta} B^{k-1,1} \xrightarrow{\beta} \cdots \xrightarrow{\beta} & B^{0,k}
\end{array}
$$

使得诸 α, β 皆是同构. 由此便立即知: Ψ 是同构. 这就证出了德 · 拉姆定理. 上面的 $A^{*,*}$, $B^{*,*}$ 和 H^k 皆是 M 上某类层的上同调群.

下面我们将着手介绍层与层的上同调群. 实际上那将会给出一大堆定义. 对于不少读者来讲, 这是很枯燥的, 而另一部分读者又会觉得不严格不细致. 不讲当然会皆大欢喜. 不过由于层论在统一高斯—博内公式与黎曼—罗赫公式上起了关键作用, 因此只得硬着头皮在这种通俗的小册子中加以介绍. 为此希望各方面都做点妥协. 我们想以一种强调层论的想法而忽略严格定义的方式来讲解, 但愿能平息一些愤怒.

在流形上做研究有两个方面, 一个是局部研究 (通常比较简单), 另一个是整体研究. 层论是架在这两种研究间的一座桥梁. 稍稍具体一点讲, 设 M 是一个微分流形, 我们取 M 的一个有限开覆盖 $\mathscr{U} = \{U_i \mid i = 1, 2, \cdots, N\}$. 如果我们要研究某一个几何量, 那么

既可以在整个 M 上讨论这个量, 也可以在各个 U_i 上讨论这个量. 前者是整体研究而后者是局部研究. 层论的目的是希望给出好的拼接法将 U_i 上得到的结果传给 M. 例如我们要研究 M 上的 k 次微分式空间 $\Lambda^k(M)$ 的性质, 那么先考察各个 $\Lambda^k(U_i)$, 或者说考虑集合 $\{\Lambda^k(U_i) \mid i=1,2,\cdots,N\}$. 这个集合 $\{\Lambda^k(U_i) \mid i=1,2,\cdots,N\}$ 其实就是 M 上一个"层". 这里讲的"层"不符合当今流行的定义, 但是它很直观, 处理它时正能反映层论的主要精神——从局部到整体. 所以我们就对这种冒牌的"层"做系统的讨论.

定义 1 设 M 是 n 维微分流形, $\mathscr{U}=\{U_i \mid i=1,2,\cdots,N\}$ 是 M 的一个有限开覆盖. 令 $\mathscr{B}(\mathscr{U})$ 是 M 中一些开集构成的集合, 这些开集皆是 $\mathscr{U}$ 中元素经过有限次交或并运算得到的. 对于每个 $U\in\mathscr{B}(\mathscr{U})$, 对应着一个交换群 $\mathscr{F}(U)$, 并且对于任意 $U, V\in\mathscr{B}(\mathscr{U})$, 只要 $U\supset V$, 便有一个群同态 $\rho_{UV}:\mathscr{F}(U)\to\mathscr{F}(V)$, 使得下列三个条件成立:

(i) 对于任意 $U, V, W\in\mathscr{B}(\mathscr{U})$, 若 $U\supset V\supset W$, 则

$$\rho_{UW}=\rho_{VW}\circ\rho_{UV}.$$

(ii) 若 $V_1,\cdots,V_\alpha\in\mathscr{B}(\mathscr{U})$, $V=\bigcup_{j=1}^{\alpha}V_j$, 又若 $f, g\in\mathscr{F}(V)$ 满足

$$\rho_{VV_j}(f)=\rho_{VV_j}(g),\quad \forall j=1,\cdots,\alpha,$$

则

$$f=g.$$

(iii) 设 $V_1,\cdots,V_\alpha$, V 同上. 又有 $f_j\in\mathscr{F}(V_j)$, $j=1,\cdots,\alpha$, 满足

$$\rho_{V_i,V_i\cap V_j}(f_i)=\rho_{V_j,V_i\cap V_j}(f_j),\quad \forall i,j,$$

则必存在 $f\in\mathscr{F}(V)$ 使得

$$\rho_{VV_j}(f)=f_j,\quad \forall j.$$

这样的 $\{\mathscr{F}(U),\rho_{UV}\}_{\mathscr{U}}$ 就称为 M 上一个冒牌的 (群) 层, 简称冒牌层.

例 1　令 $\mathscr{F}(U)=\Lambda^k(U)$, $\rho_{UV}:\Lambda^k(U)\to\Lambda^k(V)$ 为限制映射, 则 $\{\Lambda^k(U),\rho_{UV}\}_{\mathscr{U}}$ 是一个冒牌层.

例 2　设 M 是黎曼面, $\mathscr{U}$ 是 M 的一个有限开覆盖. 对于任意 $U\in\mathscr{B}(\mathscr{U})$, 令 $\mathscr{O}(U)$ 是 U 上全纯函数的集合 (在加法下成群). 对于 $V\subset U\in\mathscr{B}(\mathscr{U})$, 令

$$\rho_{UV}:\mathscr{O}(U)\to\mathscr{O}(V)$$

为限制映射, 则 $\{\mathscr{O}(U),\rho_{UV}\}_{\mathscr{U}}$ 是 M 上的一个冒牌层.

定义 2　设 $\mathscr{U}$ 是 M 的一个有限开覆盖, $\mathscr{F}\equiv\{\mathscr{F}(U),\rho_{UV}\}$ 是 M 上的一个冒牌层, 我们做如下定义 (i), (ii), (iii), (iv).

(i) 一个 $\mathscr{F}$ 值的 q 维上链 f 是指: 对 $\mathscr{U}$ 中任意 $q+1$ 个开集 $W_0,W_1,\cdots,W_q$,

$$f(W_0,W_1,\cdots,W_q)$$
$$=\begin{cases}0, & \text{当 } W_0,W_1,\cdots,W_q=\varnothing,\\ \mathscr{F}(W_0\cap\cdots\cap W_q)\text{ 中的一个元素}, & \text{当 } W_0,W_1,\cdots,W_q\neq\varnothing.\end{cases}$$

所有 $\mathscr{F}$ 值的 q 维上链之集合记作 $C^q(\mathscr{U},\mathscr{F})$.

(ii) 上边缘算子

$$\delta:C^q(\mathscr{U},\mathscr{F})\to C^{q+1}(\mathscr{U},\mathscr{F})$$

由下式确定

$$(\delta f)(W_0,W_1,\cdots,W_{q+1})=\sum_{i=0}^{q+1}(-1)^i\rho_{U_iV}f(W_0,\cdots,\widehat{W_i},\cdots,W_{q+1}),$$

其中 $U_i=W_0\cap\cdots\cap\widehat{W_i}\cap\cdots\cap W_{q+1}$: 记号 $\hat{}$ 标志它下方的项被删除; $U=W_0\cap\cdots\cap W_{q+1}$. 容易验证: $\delta\circ\delta=0$!

(iii) 令

$$Z^q(\mathscr{U},\mathscr{F})=\big\{f\in C^q(\mathscr{U},\mathscr{F})\ \big|\ \delta f=0\big\},$$
$$B^q(\mathscr{U},\mathscr{F})=\delta C^{q-1}(\mathscr{U},\mathscr{F}).$$

它们分别称为 q 维上闭链群和 q 维上边缘链群.

(iv) 令

$$H^q(\mathscr{U},\mathscr{F}) = {Z^q(\mathscr{U},\mathscr{F})}\big/{B^q(\mathscr{U},\mathscr{F})},$$

并称为以冒牌层 $\mathscr{F}$ 为系数的 q 维上同调群.

这里定义的 $H^q(\mathscr{U},\mathscr{F})$ 明显地与 $\mathscr{U}$ 的取法有关. 它不仅表现在定义 2 中同调群的构造法上, 而且也表现在 $\mathscr{F}$ 的定义中 (参见定义 1). 为一目了然计, 我们应该把 $\mathscr{F}$ 记作 $\mathscr{F}_{\mathscr{U}}$. 我们会问: 是不是在一种自然同构意义下, 各个 $H^q(\mathscr{U},\mathscr{F}_{\mathscr{U}})$ 彼此同构呢? 稍经验算便可知: 这是不可能的. 出自拓扑学的一些经验, 人们会相信, 覆盖 $\mathscr{U}$ 越细密, 则 $H^q(\mathscr{U},\mathscr{F}_{\mathscr{U}})$ 越接近于某一个想象中的同调群. 我们用记号 "$\mathscr{U}\to 0$" 表示覆盖 $\mathscr{U}$ 越来越细地趋于极限状态. 粗糙地讲我们可以指望同调群的极限存在, 并且有下列极限等式

$$\lim_{\mathscr{U}\to 0} H^q(\mathscr{U},\mathscr{F}_{\mathscr{U}}) = \lim_{\mathscr{U}\to 0} H^q(\mathscr{U},\lim_{\mathscr{U}\to 0}\mathscr{F}_{\mathscr{U}}).$$

这时我们记

$$\widehat{\mathscr{F}} = \lim_{\mathscr{U}\to 0}\mathscr{F}_{\mathscr{U}},$$

$$H^q(M,\widehat{\mathscr{F}}) = \lim_{\mathscr{U}\to 0} H^q(\mathscr{U},\widehat{\mathscr{F}}).$$

上述两式虽然是一种很形式的定义, 但是对于右式在我们自由发挥之后, 一旦找到恰当的解释, 那么 $\widehat{\mathscr{F}}$ 与 $H^q(M,\widehat{\mathscr{F}})$ 便可定义出来了.

一旦我们能证明 $H^q(M,\widehat{\mathscr{F}}) = H^q(\mathscr{U},\mathscr{F})$, 那么各个 $H^q(\mathscr{U},\mathscr{F}_{\mathscr{U}})$ 彼此同构的问题便自然解决.

至少有两种办法来理解 $\widehat{\mathscr{F}}$. 第一个办法是把它想成早年流行的层的定义. 设想有映射 $\pi:\widehat{\mathscr{F}}\to M$, 并对

$$\widehat{\mathscr{F}}_x = \pi^{-1}(x), \qquad x\in M$$

做公理式的描述. 这个描述相当于形式记号

$$\lim_{\mathscr{U}\to 0}\{\mathscr{F}\ 在\ x\ 点的“芽”的集合\}$$

在人们心目中的性质. 第二个办法干脆在定义 1 中把 $\mathscr{U}$ 取作 M 的所有开集构成的集合, 其余的陈述保持不变. 这时有一个不依赖于覆盖的 "最大" 层 $\mathscr{F}$, 把它取为 $\widehat{\mathscr{F}}$. 尽管两个办法给出的 $\widehat{\mathscr{F}}$ 不太一样,

但是可以证明用它们做出的同调群一样. 这样一来, 我们就可以不再区分上面两种层 $\widehat{\mathscr{F}}$ 了. 确切地讲, 定义 $H^q(M,\widehat{\mathscr{F}})$ 是有一套现成的路子可遵循的, 这套路子就是拓扑学中的切赫上同调构造法.

在这里我们要指出: $H^q(M,\widehat{\mathscr{F}})$ 与 $H^q(\mathscr{U},\mathscr{F})$ 是各有所长的, 下一章的讨论中将显示此点, 请大家留意. 有一个勒雷定理把它们联系起来. 定理是这么说的: 如果覆盖 $\mathscr{U}$ 取得足够 "好", 那么

$$H^q(M,\widehat{\mathscr{F}})=H^q(\mathscr{U},\mathscr{F}).$$

这个定理把 $H^q(M,\widehat{\mathscr{F}})$ 和 $H^q(\mathscr{U},\mathscr{F})$ 的长处集中起来了, 层的上同调由此变得更强有力了.

第五章　高维的黎曼—罗赫问题

§5.1　层论与经典的黎曼—罗赫公式

现在我们要用层的上同调语言来解释第二章中讨论过的经典的黎曼—罗赫公式. 设 M 是黎曼面, $D = n_1p_1 + \cdots + n_kp_k$ 是一个除子, 其中 $p_1, \cdots, p_k \in M$, $n_1, \cdots, n_k \in \mathbb{Z}$ ($\mathbb{Z}$ 是整数集合). 又设 $\mathscr{U}$ 是 M 的一个有限开覆盖. 对于任意 $U \in \mathscr{B}(\mathscr{U})$, 令

$$D_U = \sum_{p_i \in U} n_i p_i,$$

$$\mathscr{L}_D(U) = \{f \mid f \text{ 是 } U \text{ 上的半纯函数}, (f) + D_U \geqslant 0\} \cup \{0\}.$$

$(f) + D_U \geqslant 0$ 表示 f 在 U 内的零点和极点由 D_U 控制, 即如果 p 是一个 f 在 U 内的 k 级零点 (也就是 $-k$ 级极点), 那么它必是某一个 $p_i = p \in U$, 并且 $k + n_i \geqslant 0$.

由定义可知, 对于 $\mathscr{L}_D(U)$ 内任意一个 f, 它在表达式 D_U 不涉及的点 $q \in U$ 上显然不仅是半纯的, 而且是全纯的. 在 U 之外 f 的情形如何呢? f 是半纯的吗? 还是故意不给定义呢? 这两种理解显然是不同的, 采取 “不给定义” 的理解是合适的. 这样一来, 容易说清数学中的 “打碎” 的想法, 并能清楚显现 “打碎” 想法中的难点.

易知

$$\mathscr{L}_D = \{\mathscr{L}_D(U), \rho_{UV}\}_{\mathscr{U}}$$

是 M 上的一个冒牌层. 还可以定义

$$\mathscr{L}_D(M)=\{f \mid f \text{ 是 } M \text{ 上的半纯函数}, (f)+D\geqslant 0\}\cup\{0\},$$

显然这里的 $\mathscr{L}_D(M)$ 就是第二章 §2.3 中的 $\mathscr{L}(D)$. 于是黎曼—罗赫问题就是求 $\dim \mathscr{L}_D(M)$.

现在我们来比较 $\mathscr{L}_D=\{\mathscr{L}_D(U)\}$ 与 $\mathscr{L}_D(M)$. 前者是一个集合的集合, 而后者只是一个函数的集合. $\mathscr{U}$ 取得相当好, 至少 $\mathscr{U}$ 中每一个开集比 M 小得多, 自然地

$$M\notin\mathscr{U}, \qquad \mathscr{L}_D(M)\notin\mathscr{L}_D.$$

在 $\mathscr{L}_D$ 与 $\mathscr{L}_D(M)$ 之间存在着密切关系. 这种关系用句通俗的话来讲就是: “打碎” 手续. 具体地说, 把 $\mathscr{L}_D(M)$ 中的函数 f 限制在 U 上, 得到 $\mathscr{L}_D(U)$ 中的一个函数, 并认为它是 f 的一个碎片, 碎片的集合就是 $\mathscr{L}_D$ 中一组彼此协合的函数 (注意到冒牌层的定义中性质 (ii) 和 (iii) 此时自然满足). 上面的做法自然给出从 $\mathscr{L}_D(M)$ 到 $\mathscr{L}_D$ 的一个手续, 称为 “打碎” 手续.

一个自然的问题是: 如何从 $\mathscr{L}_D$ 中的一组协合的小碎片, 它们分属 $\mathscr{L}_D(U)$, 恢复成 $\mathscr{L}_D(M)$ 中的一个元素? 这个**恢复**的手续就是做以 $\mathscr{L}_D$ 为系数的**同调**群. 确切来讲, 就是做零维同调群, 这表现为下面的引理.

引理　*设 M 是黎曼面, $\mathscr{U}$ 是 M 的一个有限开覆盖. $\mathscr{L}_D(M)$, $\mathscr{L}_D$ 的定义同前, 则*

$$\mathscr{L}_D(M)=H^0(\mathscr{U},\mathscr{L}_D).$$

证明　由第四章 §4.2 中的定义 2 可知

$$H^0(\mathscr{U},\mathscr{L}_D)=Z^0(\mathscr{U},\mathscr{L}_D)=\{f\in C^0(\mathscr{U},\mathscr{L}_D) \mid \delta f=0\}.$$

对于任意 $U\in\mathscr{U}$, $f(U)\in\mathscr{L}_D(U)$, 并且对 U, $W\in\mathscr{U}$, $U\cap W\neq\varnothing$, 由 $\delta f=0$ 可知

$$0=(\delta f)(U,W)=f(U)\big|_{U\cap W}-f(W)\big|_{U\cap W},$$

即

$$f(U)\big|_{U\cap W}=f(W)\big|_{U\cap W}.$$

于是由冒牌层的定义中 (ii), (iii) 可知存在唯一 $g \in \mathscr{L}_D(M)$, 使得

$$g\big|_U = f(U), \quad \forall\, U \in \mathscr{U}.$$

由此即得

$$\big\{f \in C^0(\mathscr{U}, \mathscr{L}_D) \;\big|\; \delta f = 0\big\} = \mathscr{L}_D(M).$$

从而引理得证. □

上面的讨论告诉我们, 对于 $\mathscr{L}_D(M)$ 先打碎, 后做同调, 得到的 $H^0(\mathscr{U}, \mathscr{L}_D)$ 仍然是 $\mathscr{L}_D(M)$. 这一过程只是一种语言的转换, 因为我们并没有费劲去证明什么, 但是找到这种语言的转换却费了力气. 这一点是应该认识的.

现在我们来看看经典的黎曼—罗赫公式

$$\dim \mathscr{L}(D) \equiv \mathscr{L}_D(M) = \deg(D) + 1 - g(M) + i(D).$$

其中的 $\dim \mathscr{L}(D)$ 已经解释为 $\dim H^0(\mathscr{U}, \mathscr{L}(D))$ 了. 下面我们来解释另一项 $i(D)$. 由黎曼不等式

$$\dim \mathscr{L}(D) \geqslant \deg(D) + 1 - g(M),$$

和选取一个 D_0 使 $\deg(D_0)$ 足够大, 可知

$$\dim \mathscr{L}(D_0) \equiv \mathscr{L}_{D_0}(M) > 0.$$

这一等式表明 M 上有一个非常数的半纯函数 f_0. 令 $\omega_0 = df_0$, 易知 ω_0 是一个非零的半纯 1– 形式. 在第二章末尾我们曾定义

$$K^1(D) = \big\{\omega \;\big|\; \omega \text{ 是半纯 } 1-\text{形式},\ (\omega) \geqslant D\big\},$$
$$i(D) = \dim_{\mathbb{C}} K^1(D).$$

现在我们定义一个映射

$$(\omega_0)_* : \mathscr{L}_{(\omega_0)-D}(M) \to K^1(D),\ g \mapsto g\omega_0.$$

易见 $(\omega_0)_*$ 是线性空间的同构, 从而

$$i(D) = \dim_{\mathbb{C}} K^1(D) = \dim \mathscr{L}_{(\omega_0)-D}(M) = \dim H^0(\mathscr{U}, \mathscr{L}_{(\omega_0)-D}).$$

至此 $i(D)$ 也可以用层论的语言来解释了. 关于 $H^0(\mathscr{U}, \mathscr{L}_{(\omega_0)-D})$ 我们将做进一步解释. 首先我们指出上同调群 $H^0(\mathscr{U}, \mathscr{L}_{(\omega_0)-D})$ 与 ω_0

的选取无关. 这是很容易证的事实, 请大家自己去证. 以上显示了 $H^q(\mathscr{U},\mathscr{F}_{\mathscr{U}})$ 的构造长处. 其次, 根据我们先前说过的勒雷定理, 当 $\mathscr{U}$ 取得足够好时,

$$H^0(\mathscr{U},\mathscr{L}_{(\omega_0)-D}) = H^0(M,\widehat{\mathscr{L}_{(\omega_0)-D}}) = H^0(M,\mathscr{L}_{(\omega_0)-D}).$$

因此可知 $H^0(\mathscr{U},\mathscr{L}_{(\omega_0)-D})$ 既不依赖于 ω_0, 也不依赖于 $\mathscr{U}$ 的选取. 最后我们指出一个很难证的定理, 它是拓扑学中的庞加莱对偶定理在层论中的一个类似物. 这就是

小平 — 塞尔对偶定理 设 M 是一个紧致黎曼面, 则

$$H^0(M,\mathscr{L}_{(\omega_0)-D}) \approx H^1(M,\mathscr{L}_D).$$

做了上述一些说明之后, 再来看看经典的黎曼 — 罗赫公式. 此时它可写为

$$\dim H^0(M,\mathscr{L}_D) - \dim H^1(M,\mathscr{L}_D) = \deg(D) + 1 - g(M).$$

注意到黎曼面 M 是一个二维的微分流形, 从而导出一个可以想象但证起来麻烦的事实:

$$H^q(M,\mathscr{L}_D) = 0, \quad \forall q \geqslant 2.$$

于是经典的黎曼 — 罗赫公式的左端恰是层的同调群的维数之交错和! 这不正和高斯 — 博内公式中的欧拉数相似吗! 至此我们有理由认为高斯 — 博内公式与黎曼 — 罗赫公式是同属于一种范畴的定理了, 并且一般的黎曼 — 罗赫定理也可以更确切地提了 (具体请见下一节).

§5.2 希策布鲁赫 — 黎曼 — 罗赫公式

在第二章中我们曾把黎曼 — 罗赫问题提为求 $\dim \mathscr{L}(D)$ 的一个问题. 对高维的复流形, 人们也可以提类似的问题. 但是对这个高维的问题简直不知从何下手. 可是直到在上一节小平 — 塞尔定理之后, 经典的黎曼 — 罗赫问题可以提为:

$$\begin{aligned}\chi(M,\mathscr{L}_D) &\equiv \dim H^0(M,\mathscr{L}_D) - \dim H^1(M,\mathscr{L}_D)\\ &= \deg(D) + 1 - g(M),\end{aligned}$$

因此, 如果给定一个复流形 M 及其上一个层 $\mathscr{L}$, 令 $\chi(M,\mathscr{L})=\sum_{q\geqslant 0}(-1)^q\dim H^q(M,\mathscr{L})$, 那么高维的黎曼—罗赫公式应该是

$$\begin{aligned}\chi(M,\mathscr{L})&\equiv\sum_{q\geqslant 0}(-1)^q\dim H^q(M,\mathscr{L})\\&=\text{类似于 }(\deg(D)+1-g(M))\text{ 的量}.\end{aligned}$$

请注意上面的 $\chi(M,\mathscr{L})$ 是用分析手段确定的量, 因为它和 M 的复结构及 $\mathscr{L}$ 的结构有关, 而要求解的右式是拓扑不变量. 所以求解高维的黎曼—罗赫问题依然是一个有意思的问题. 有趣的是黎曼—罗赫问题的这种提法在 1938 年已被韦伊接触过了, 虽然当年韦伊没有层的观念. 当 M 是黎曼面, $\mathscr{L}$ 是一个全纯向量丛 $\mathscr{L}$ (导出的层) 时, 韦伊确实算出了 $\chi(M,\mathscr{L})$. 很抱歉, 我们在此不解释全纯向量丛的概念了. 韦伊的这个成果可以认为是最早的广义黎曼—罗赫定理. 在韦伊的这个工作之后出现了十多年的停顿. 在 1953 年小平—塞尔的对偶定理一出现, 便立即产生表示 $\chi(M,\mathscr{L})$ 的问题. 1954 年年轻的德国数学家希策布鲁赫一举做出了有名的希策布鲁赫—黎曼—罗赫公式, 即用 M 与 $\mathscr{L}$ 的拓扑不变量表示出 $\chi(M,\mathscr{L})$ 的一个公式. 他同时还得到了著名的 "符号差公式", 达到了一箭双雕的戏剧性效果. 这是数学发展中的一个重大成就. 希策布鲁赫的证明中用到了托姆的配边理论. 由于配边理论是代数拓扑学中一个艰深的理论, 我们无力在此解说, 从而关于希策布鲁赫—黎曼—罗赫公式的讨论也就在此结束了.

最后我们要指出: 伍鸿熙、萧荫堂两位教授在 20 世纪 80 年代, 在国内给出过系列讲座和教材, 引导我们去理解黎曼—罗赫问题. 我们有义务把所懂的想法写下来, 传给后学.

第六章　指标问题

20 世纪 60 年代初苏联数学家 Walter 发现了算子的指标概念, I. M. 盖尔范德把指标这个概念带进了数学的王国, 激起了人们对高斯—博内公式、黎曼—罗赫公式等的反思, 数学中出现了一个激动人心的高峰. 这一章我们将对此做些介绍.

§6.1　霍奇定理

霍奇定理为指标概念的出现提供基础, 故需先来介绍. 为理解方便, 我们先考察线性代数学中的一个定理. 设 V 是有限维实数域上的向量空间,

$$\langle\ ,\ \rangle : V \times V \to \mathbb{R},\ (X, Y) \mapsto \langle X, Y\rangle$$

是 V 上一个内积, 即 $\langle X, Y\rangle$ 满足下列

(i) $\langle X, Y\rangle$ 关于变量 X, Y 皆是线性的;

(ii) $\langle X, Y\rangle = \langle Y, X\rangle$;

(iii) $\langle X, X\rangle \geqslant 0$, 并且等号成立的充要条件是 $X = 0$.

又设 $\varphi : V \to V$ 是线性映射. 令 $\varphi^* : V \to V$ 是 φ 的伴随映射, 即 φ^* 由下式确定

$$\langle \varphi^*(X), Y\rangle = \langle X, \varphi(Y)\rangle, \quad \forall X, Y \in V.$$

此外令

$$\operatorname{Ker}\varphi=\{X\in V\mid\varphi(X)=0\},$$
$$\operatorname{Im}\varphi^*=\{\varphi^*(Y)\mid Y\in V\}.$$

则在线性代数学中有这么一个定理.

定理 设 $V, \langle\ ,\ \rangle, \varphi, \varphi^*$ 如上定义, 则 V 有下列直和分解

$$V=\operatorname{Ker}\varphi\oplus\operatorname{Im}\varphi^*,$$

并且 $\operatorname{Im}\varphi^*\perp\operatorname{Ker}\varphi$. 其中记号 $\perp$ 表示“垂直”的意思.

证明 令

$$(\operatorname{Im}\varphi^*)^{\perp}=\{X\in V\mid\langle X,\varphi^*(Z)\rangle=0,\ \forall Z\in V\},$$

于是有

$$\begin{aligned}(\operatorname{Im}\varphi^*)^{\perp}&=\{X\in V\mid\langle\varphi(X),Z\rangle=0,\ \forall Z\in V\}\\&=\{X\in V\mid\varphi(X)=0\}\\&=\operatorname{Ker}\varphi,\end{aligned}$$

从而

$$V=(\operatorname{Im}\varphi^*)\oplus(\operatorname{Im}\varphi^*)^{\perp}=\operatorname{Im}\varphi^*\oplus\operatorname{Ker}\varphi.$$

至于 $\operatorname{Im}\varphi^*\perp\operatorname{Ker}\varphi$ 是上述推理的简单推论. 这样我们就证得这个线性代数的定理. □

霍奇在 1935 年考察了一个类似的问题. 不过他考察的 V 是一个无穷维的内积空间 $\Lambda^*(M)$. 其中 M 是一个黎曼流形, $\Lambda^*(M)$ 定义为下列直和

$$\Lambda^*(M)=\bigoplus_{k\geqslant 0}\Lambda^k(M),$$

$\Lambda^k(M)$ 是 M 上可微的 k 次微分式全体. $\Lambda^*(M)$ 中的内积是 M 上的黎曼度量 (推广的第一基本形式) 经过标准的代数手续与积分手段诱导的. 具体诱导办法请查阅任何一本黎曼几何教材, 相信那里一定会有. 现在我们虽然不把 $\Lambda^*(M)$ 中的内积的构造法介绍给读者, 但是我们却想把这个内积的性质罗列给大家看看. $\Lambda^*(M)$ 中的一个内积

是一个映射

$$\langle\ ,\ \rangle : \Lambda^*(M) \times \Lambda^*(M) \to \mathbb{R},$$

满足

(i) 对任意 $\omega,\ \Omega \in \Lambda^*(M)$, $\langle \omega, \Omega \rangle$ 关于 ω, Ω 皆是实线性的;

(ii) $\langle \omega, \Omega \rangle = \langle \Omega, \omega \rangle$;

(iii) $\langle \omega, \omega \rangle \geqslant 0$, 并且等号成立的充要条件是 $\omega = 0$;

(iv) 若 $\omega \in \Lambda^k(M), \Omega \in \Lambda^s(M), k \neq s$, 则

$$\langle \omega, \Omega \rangle = 0.$$

在 $\Lambda^*(M)$ 中还有一个映射

$$d : \Lambda^*(M) \to \Lambda^*(M),$$

它是由外微分算子 $d : \Lambda^k(M) \to \Lambda^{k+1}(M)$ 诱导出的. 令 $\delta = d^*$, 即 δ 是 d 的伴随算子, 它由下式确定:

$$\langle d^*\omega, \Omega \rangle = \langle \omega, d\Omega \rangle, \quad \forall \omega, \Omega \in \Lambda^*(M).$$

也许大家要问 δ (或 d^*) 的存在性会不会成问题, 我们回答: 这是不成问题的. 因为 d 是"微分算子", 方程中有一个一般性的定理能断言: 这种微分算子的伴随算子一定是存在且唯一的. 霍奇还能有办法把 δ 具体写出来.

令

$$\Delta = (d + \delta)^2 : \Lambda^*(M) \to \Lambda^*(M),$$

称为拉普拉斯算子. 由

$$d(\Lambda^{k-1}(M)) \subset \Lambda^k(M), \quad d^2 = 0,$$

可推得

$$\delta(\Lambda^k(M)) \subset \Lambda^{k-1}(M), \quad \delta^2 = 0.$$

于是有下列计算

$$\Delta = (d+\delta)^2 = d\delta + \delta d,$$
$$\Delta^* = ((d+\delta)^2)^* = (d^*+\delta^*)^2 = (\delta+d)^2 = \Delta,$$

所以 Δ 可以限制在 $\Lambda^k(M)$ 上, 即

$$\Delta : \Lambda^k(M) \to \Lambda^k(M),$$

并且是自伴算子.

关键定理 设 M 是黎曼流形, 则 $\Lambda^*(M)$ 有下列直和分解

$$\Lambda^*(M) = \operatorname{Ker}\Delta \oplus \operatorname{Im}\Delta.$$

关于这个关键定理的证明, 我们以后再说. 现在先来考察这个定理是如何对 M 的同调群之认识做出贡献的. 下面是它的几个推论.

推论 1 令

$$\mathscr{H}^k = \{\omega \in \Lambda^k(M) \mid d\omega,\ \delta\omega = 0\},$$
$$\mathscr{H}^* = \bigoplus_k \mathscr{H}^k.$$

则有下列直和分解

$$\Lambda^*(M) = \mathscr{H}^* \oplus \operatorname{Im} d \oplus \operatorname{Im}\delta.$$

证明 首先我们有下列推理:

$$\begin{aligned}\omega \in \mathscr{H}^* &\Rightarrow\ (d+\delta)\omega = 0\ \Rightarrow\ (d+\delta)^2\omega = 0\ \Rightarrow\ \Delta\omega = 0\\ &\Rightarrow\ 0 = \langle\omega, \Delta\omega\rangle = \langle\omega, (d\delta+\delta d)\omega\rangle = \langle\delta\omega, \delta\omega\rangle + \langle d\omega, d\omega\rangle\\ &\Rightarrow\ \langle\delta\omega, \delta\omega\rangle = 0 \text{ 且 } \langle d\omega, d\omega\rangle = 0\\ &\Rightarrow\ d\omega = 0 \text{ 且 } \delta\omega = 0\ \Rightarrow\ \omega \in \mathscr{H}^*.\end{aligned}$$

故上述推理过程中的每一步皆是 $\omega \in \mathscr{H}^*$ 的充要条件. 特别地就有

$$\mathscr{H}^* = \operatorname{Ker}\Delta.$$

由于有显然的事实

$$\operatorname{Im}\Delta \subset \operatorname{Im} d + \operatorname{Im}\delta,$$

故由关键定理可推出

$$\Lambda^*(M) = \mathrm{Ker}\ \Delta \oplus \mathrm{Im}\ \Delta = \mathscr{H}^* + \mathrm{Im}\ d + \mathrm{Im}\ \delta.$$

容易验证 $\mathscr{H}^*$, $\mathrm{Im}\ d$, $\mathrm{Im}\ \delta$ 彼此互相垂直, 故有直和分解

$$\Lambda^*(M) = \mathscr{H}^* \oplus \mathrm{Im}\ d \oplus \mathrm{Im}\ \delta.$$

于是推论 1 得证. □

推论 2 (霍奇定理) 由 $\mathscr{H}^*$ 的定义知 $\mathscr{H}^* \subset \bigoplus_k Z^k_{dR}(M)$. 则有自然映射 $i: \mathscr{H}^k \to H^k_{dR}(M)$, 使得下列图表交换:

$$\begin{array}{ccc} \bigoplus_k \mathscr{H}^k & \xrightarrow{\quad i \quad} & \bigoplus_k H^k_{dR}(M) \\ \downarrow & & \uparrow \\ \bigoplus_k Z_k(M) & \longrightarrow & \bigoplus_k \left(Z^k_{dR}(M)/B^k_{dR}(M)\right) \end{array}$$

并且 $i: \mathscr{H}^k \to H^k_{dR}(M)$ 是同构.

证明 首先我们证明: 若 $\omega \in \mathrm{Im}\ \delta$ 且 $d\omega = 0$, 则 $\omega = 0$. 这是因为存在 x 使得 $\omega = \delta x$, 于是有下列推理: 由于

$$0 = \langle d\omega, x\rangle = \langle \omega, \delta x\rangle = \langle \delta x, \delta x\rangle,$$

故 $\delta x = 0$, 即有 $\omega = \delta x = 0$. 从上面证过的事实, 结合推论 1 便知

$$\begin{aligned} Z^k_{dR}(M) &= \mathscr{H}^k \oplus d(\Lambda^{k-1}(M)) \\ &= \mathscr{H}^k \oplus B^k_{dR}(M), \end{aligned}$$

从而

$$H^k_{dR}(M) = {}^{Z^k_{dR}(M)}\!\big/_{B^k_{dR}(M)} = \mathscr{H}^k.$$

这就证明了霍奇定理. □

$\mathscr{H}^k$ 中元素称为 k 次调和微分式 (或调和形式). 因此霍奇定理断言, 同调群 $H^k_{dR}(M)$ 中每一个元素皆可有唯一的 k 次调和形式为代表. 这表明了由分析方法定义的调和形式空间 $\mathscr{H}^k$ 可以代替同调群 $H^k_{dR}(M, \mathbb{R})$. 德 · 拉姆定理告诉我们, $H^k_{dR}(M)$ 是有限维的 (因为

它同构于 $H^k(K,\mathbb{R})$), 因此调和形式空间 $\mathscr{H}^k$ 也是有限维的. 综上所述, 霍奇定理使我们更好地理解同调群 $H^k_{dR}(M)$. 在证明霍奇定理的过程中, 只有一处我们没有证, 那就是前面提到的 "关键定理". 虽然这个定理在类比于有限维情形时显得很直观, 但是证起来却很难. 证明中几乎用到了椭圆型算子的全套理论. 霍奇本人当年就没证对. 麻烦之处在于: 无穷维的 $\mathrm{Im}\,\varphi^*$ 不是闭的. 当对 φ 加一定条件之后才可以困难地证出

$$\Lambda^*(M) = (\mathrm{Im}\,\varphi^*) \oplus (\mathrm{Im}\,\varphi^*)^{\perp}.$$

严格的证明是外尔给出的. 在 1940 年补漏洞的文章中外尔破天荒地证出一个 "正则性" 定理. 因此可以把外尔看成椭圆型算子正则性研究的开山鼻祖. 从霍奇定理的证明之困难, 可以想见这个定理的深刻性. 如果从我们先前理解狄氏原理的方法看, 霍奇定理也是一个抽象存在性 (和唯一性) 定理, 因为在证明过程中所需要的调和形式不是以表达式表示的.

霍奇定理以其优美、纯真打动了数学家的心. 英国几何名家怀特海曾经开玩笑地说: 他愿意把自己的灵魂卖给魔鬼以换取这个定理. 外尔在 1954 年国际数学家大会上说: 依他之见, 霍奇的《调和积分》(介绍霍奇定理的专著) 是 20 世纪科学史进程中重大的里程碑.

§6.2 指标问题

霍奇定理使得人们对高斯—博内公式中的 $\chi(M)$、黎曼—罗赫公式中的 $\chi(M,\mathscr{L})$ 有一个新的看法, 即把它们看成某种算子的 "指标". 我们以高斯—博内公式的情形来说明这个新看法. 设 M 是 n 维黎曼流形. 令 $H^k_{dR}(M)$ 是 M 的 k 维德 · 拉姆同调群, 于是贝蒂数的交错和是

$$\chi(M) = \sum_k (-1)^k \dim H^k_{dR}(M).$$

如果令

$$\Lambda^{even}(M) = \bigoplus_{k=\text{偶数}} \Lambda^k(M),$$

$$\Lambda^{odd}(M) = \bigoplus_{k=\text{奇数}} \Lambda^k(M),$$

则有

$$d+\delta:\Lambda^{even}(M)\to\Lambda^{odd}(M).$$

对于这个算子我们将做两件事: (1) 定义它的指标; (2) 证明它的指标恰是 $\chi(M)$.

定义　算子

$$d+\delta:\Lambda^{even}(M)\to\Lambda^{odd}(M)$$

的指标定义为

$$\begin{aligned}ind(d+\delta)=&\dim\mathrm{Ker}\big\{d+\delta:\Lambda^{even}(M)\to\Lambda^{odd}(M)\big\}\\&-\dim\mathrm{Ker}\big\{(d+\delta)^*:\Lambda^{odd}(M)\to\Lambda^{even}(M)\big\}.\end{aligned}$$

引理　下列等式成立:

$$\chi(M)=ind\big\{d+\delta:\Lambda^{even}(M)\to\Lambda^{odd}(M)\big\}.$$

证明　易见

$$\begin{aligned}&\mathrm{Ker}\big\{d+\delta:\Lambda^{even}(M)\to\Lambda^{odd}(M)\big\}\\=&\big\{x\in\Lambda^{even}(M)\ \big|\ (d+\delta)x=0\big\}\\\subset&\big\{x\in\Lambda^{even}(M)\ \big|\ (d+\delta)^2x=0\big\}\\\subset&\big\{x\in\Lambda^{even}(M)\ \big|\ 0=\langle(d+\delta)^2x,x\rangle=\langle dx,dx\rangle+\langle\delta x,\delta x\rangle\big\}\\\subset&\big\{x\in\Lambda^{even}(M)\ \big|\ dx=0\text{ 且 }\delta x=0\big\}=\bigoplus_{k=\text{偶数}}\mathscr{H}^k\\\subset&\,\mathrm{Ker}\big\{d+\delta:\Lambda^{even}(M)\to\Lambda^{odd}(M)\big\},\end{aligned}$$

故

$$\mathrm{Ker}\big\{d+\delta:\Lambda^{even}(M)\to\Lambda^{odd}(M)\big\}=\bigoplus_{k=\text{偶数}}\mathscr{H}^k.$$

同理可知

$$\mathrm{Ker}\big\{(d+\delta)^*:\Lambda^{odd}(M)\to\Lambda^{even}(M)\big\}=\bigoplus_{k=\text{奇数}}\mathscr{H}^k.$$

于是再利用霍奇定理有

$$\begin{aligned}
& ind\{d+\delta : \Lambda^{even}(M) \to \Lambda^{odd}(M)\} \\
= & \sum_{k=\text{偶数}} \dim \mathscr{H}^k - \sum_{k=\text{奇数}} \dim \mathscr{H}^k \\
= & \sum_{k=\text{偶数}} \dim H^k_{dR}(M) - \sum_{k=\text{奇数}} \dim H^k_{dR}(M) \\
= & \sum_k (-1)^k \dim H^k_{dR}(M) = \chi(M).
\end{aligned}$$

引理证毕. □

定义 设 $\Gamma(E_+)$ 和 $\Gamma(E_-)$ 是无穷维线性内积空间, $D : \Gamma(E_+) \to \Gamma(E_-)$ 是线性映射 (或称线性算子). 如果 D 很像 $d+\delta : \Lambda^{even}(M) \to \Lambda^{odd}(M)$, 则称

$$\dim \mathrm{Ker}\ D - \dim \mathrm{Ker}\ D^*$$

为算子 D 的指标, 并记为 $ind\ D$.

注 在上述定义中“很像 $d+\delta : \Lambda^{even}(M) \to \Lambda^{odd}(M)$”指的是什么? 首先当然要求: D^* 存在, $\dim \mathrm{Ker}\ D$ 与 $\dim \mathrm{Ker}\ D^*$ 皆是有限数, 这样才可定义 $ind\ D$. 另外还有什么别的要求, 还是在以 $d+\delta$ 为榜样讨论算子 D 时, 逐渐增加要求为好.

霍奇定理问世之后, 人们很容易地将 $\chi(M)$ 表示为 $ind(d+\delta)$. 可是算子的指标这一概念却迟迟不能出笼. 原因在于对于一般的 D, 不知如何保证 D^* 的存在以及 $\dim \mathrm{Ker}\ D$ 和 $\dim \mathrm{Ker}\ D^*$ 是有限数. 如果就事论事地定义 $ind(d+\delta)$, 那是没有意义的, 因为这样做没带来新的好处. 假若能找到一类算子, 澄清它们“很像 $d+\delta$”, 那么不但能定义指标概念, 还能提出研究指标的问题. 这才是一件很重要的事. 这件很重要的事在 1962 年差不多被苏联的 Walter、盖尔范德解决了. 很遗憾的是差了一点点, 这使得他们错过了一次可望在数学中建立殊勋的机会. 出于研究分析学的经验与嗅觉, 盖尔范德等澄清了定义在流形上的椭圆算子 D 的概念, 并经适当的论证指出 $\dim \mathrm{Ker}\ D$

和 $\dim \operatorname{Ker} D^*$ 皆是有限的, 从而提出了计算

$$ind\ D \equiv \dim \operatorname{Ker} D - \dim \operatorname{Ker} D^*$$

的问题. 也许当年苏联分析学的研究力量过于强大, 影响到他们把指标问题局限于分析学的范围来做. 他们虽有些建树, 但因时机未到, 没有大的突破, 而把出自几何角度的研究留给了别人. 他们没能意识到 D 是可以 "很像 $d+\delta$" 的算子, 这或许是疏忽的原因. 机会是少见的并且转瞬即逝. 盖尔范德的指标概念传到了两位西方青年那里. 不知是霍奇的余勇在起作用, 还是这两位年轻的几何老手的经验所致, 他们考虑的是几何中的椭圆算子. 他们不但认识到几何学中出现的许多算子是椭圆算子, 而且将高斯—博内公式、黎曼—罗赫公式及符号差公式中的一部分项解释为某种椭圆算子的指标, 此外还创造了一类新的椭圆算子, 叫狄拉克算子, 并发现这类算子的指标与代数拓扑学中的整性定理有着密切的关系. 所有这一切的观察与理解帮助他们以这些几何算子为模型建立研究指标问题的思路. 在一个极短的时间内, 他们完成了指标问题的研究. 这是一个极大的成功. 数学史上会留出相当重要的位置写下这两位青年的名字, 他们是阿蒂亚和辛格. 他们的定理叫作阿蒂亚—辛格定理.

如果想了解阿蒂亚—辛格定理的真正含义, 不妨先把高斯—博内公式中的 $\chi(M)$、黎曼—罗赫公式中的 $\chi(M,\mathscr{L})$ 以及符号差公式中的符号差都解释为椭圆算子的指标. 虽然这种解释早已平凡了, 但是做起来却要牵涉众多的概念与记号, 使得这本小册子无力承担了. 接下来的事是在承认上述解释的前提下, 试着把涉及的诸公式中其他一些项写成一个统一的形式. 具体地说, 在等式的左端先写下椭圆算子的指标, 而后试着将等式的右端写为一个统一的表达式, 表达式的自变量是示性数 (关于示性数的知识我们将在第七章陈—韦伊理论中再谈). 至此你就能对阿蒂亚—辛格定理有一个初步的了解, 虽然这个定理的证明还一点也不知道哩!

上面的一段话其实是一派空话. 为了不使这派空话激怒读者, 我们在 §6.3 中对指标定理做一些轻松的说明, 想以此弥补过失.

§6.3 指标定理大概是什么样子

我们很遗憾未能尽兴地介绍一些几何中的椭圆算子, 以便了解指标及指标公式的意义. 我们只能在这一节通过简单的线性代数例子, 来粗浅认识指标. 相信这种粗浅的认识是盖尔范德等人的经验之内的事.

设 A, B 是有限维向量空间,

$$D : A \to B$$

是线性变换 (或称线性算子). 令

$$ind\ D = \dim \operatorname{Ker} D - \dim \operatorname{Ker} D^*$$

是 D 的指标, 其中 D^* 是 D 的伴随算子 (在 A, B 选定内积之后). 于是经线性代数的简单验证可知

$$ind\ D = \dim A - \dim B.$$

因此当以 $\dim A - \dim B$ 来取代 $ind\ D$ 之后, 我们可以从中体会一些指标的含义. 特别当 $A = B$, 这时便有等式

$$ind\ D = 0.$$

不要小看这个等式, 我们将从它的几个推论来表现它的含义.

推论 1 (存在就是唯一定理) 设 $D : A \to A$ 是线性变换. 如果对于任意 $a \in A$, 方程

$$Dx = a$$

总有解, 那么方程的解必是唯一的.

证明 由于 $\dim \operatorname{Ker} D^* = \dim ({}^{A}/{}_{D(A)})$, 从 $ind\ D = 0$ 和推论 1 中的条件 $A = D(A)$ 可知

$$\dim \operatorname{Ker} D = \dim \operatorname{Ker} D^* = \dim \left({}^{A}\big/{}_{D(A)}\right) = 0.$$

如果方程

$$Dx = a$$

有两个解 x_1, x_2, 那么 $D(x_1 - x_2) = 0$. 故从 $\dim \operatorname{Ker} D = 0$ 立得

$x_1 - x_2 = 0$. 推论中的唯一性得证. □

推论 2　$D: A \to A$ 是线性变换. 则 $Dx = 0$ 的解所组成的子空间的维数与方程 $D^* f = 0$ 的解所组成的子空间的维数相等.

上述推论 1, 2 在有限维时是平凡的, 当 A 是无穷维时就绝不是平凡的事了. 例如当假定 T 是全连续算子, $D = I - T$ (其中 I 是恒同算子) 时, 推论 1 与 2 恰是全连续算子理论的核心部分. 显见这核心部分用指标语言来讲, 就是

$$ind(I - T) = 0.$$

这能体现指标概念的价值.

假若我们考察单纯复合形 K 给出的上链复形. 若令

$$A = \bigoplus_{k=\text{偶数}} C^k(K, \mathbb{R}), \quad B = \bigoplus_{k=\text{奇数}} C^k(K, \mathbb{R}),$$

$$D = \delta + \delta^* : A \to B,$$

则

$$ind\, D = \dim A - \dim B$$

就变为

$$ind\, D = \sum_k (-1)^k \dim C^k(K, \mathbb{R}).$$

它就是庞加莱公式. 但是 A 与 B 是无穷维时, 上述公式的右端就没有意义了. 取代 $\dim A - \dim B$ 的合适候选者应从高斯—博内公式、黎曼—罗赫公式及符号差公式中抽象出来. 那就是从 A 和 B 确定出的一种示性数. 它们的定义将在第七章中涉及. 因此指标定理 (公式) 似应表示为

$$ind\, D = \text{某示性数}\ (A, B).$$

阿蒂亚—辛格指标定理正是以这种形式出现的.

第七章　陈—韦伊理论

陈—韦伊理论是在同调论的土壤上长出的一种结构, 确切地讲是一个具有美妙性质的概念体系. 我们知道同调论是对每一个空间 (或流形) 确定一个群. 这个群就叫作同调群. 有了同调群的观念之后, 我们能做什么样的事呢? 如果我们发现某两个空间的同调群不相同, 现在我们就可以断言这两个空间在拓扑上是不同的. 因此同调群是空间的拓扑属性的一个反映, 它和空间的属性有着密切的关系. 后来人们发现在同调群中还有另外的附加结构. 例如有乘法结构 (当然这个乘法应与空间有更密切的关系, 否则它就能从同调群结构导出来, 那样的乘法就不值钱了). 这一章我们关心的陈—韦伊理论也是一个与空间属性有关的附加于同调群的结构. 它是在同调群中标定一些元素, 这些元素都有自己的名字, 有欧拉类, 庞特里亚金类, 陈示性类, 吴示性类, 等等. 在流形的拓扑学中这些示性类各自都有一套构成法. 此外用这些示性类和乘法可以做出一些实数, 叫示性数. 有一件事是特别清楚的, 那就是这些示性数的构成过程和前面介绍过的 $\chi(M, \mathscr{L})$, $ind(D)$ 相去甚远. 因此建立起它们和 $\chi(M, \mathscr{L})$, $ind(D)$ 的关系是非常重要的. 阿蒂亚—辛格指标定理就是断言 $ind(D)$ 是某一个示性数.

示性类的引入法有不少种, 其中之一是陈—韦伊法, 我们在这里就称之为陈—韦伊理论. 这个方法起源于陈省身关于高斯—博内公式的内在证明, 以及陈的后来几篇论文. 韦伊的总结、抽象对于该理论的成形起了重要作用. 这个理论是从流形上度量结构出发, 求出联络、曲率, 使用一种关键的代数手法从曲率张量中结晶出示性类. 实际上, 陈—韦伊理论不仅给出某示性类, 而且明确给出这些示性类的代表元 (闭的微分式). 这些微分式不妨叫作示性式. 它们自身也有其存在的价值. 关于陈—韦伊理论的详情我们就不细说了.

知道了椭圆算子的指标问题, 又知道示性类的陈—韦伊理论, 那你就可设法猜一猜阿蒂亚—辛格指标定理该是什么样子了. 这是一个很有趣的尝试, 虽然阿蒂亚—辛格定理的结论是那样激动人心, 证明起来又是那样巧妙.

阿蒂亚—辛格定理的全面阐述是一件庞大而艰巨的任务, 不可能在这样的小册子里讲明白, 所以我们就不再多写了, 请大家原谅. 如果有人对这方面还有兴趣, 可以在上海科学技术出版社出版的拙作《指标定理与热方程方法》中得到进一步的信息.

结束语

小册子的名字是"从三角形内角和谈起". 这表明写作伊始只有一种意向而胸无定局, 只能写到哪里算到哪里. 因此前言是不会有的, 那就写这样一个结束语吧.

应该承认这是一本徘徊于正经与玩笑之间、史料与胡猜之间、学问与调侃之间的小册子. 如果能使部分读者对当今数学的一个主流产生一点兴趣, 一点好感, 那就达到写作的目的了.

阿蒂亚—辛格定理被陈省身先生誉为"高贵的数学". 以这本粗浅的小册子来对高贵数学说三道四, 未免唐突圣人; 小册子中的错误和谬论也在所难免. 对此希望大家都一哂了之.

虞言林于中关村

1992 年 12 月 31 日初稿

2020 年 5 月 31 日定稿

参考文献

[1] Bott, R., Tu, L.W., Differential Forms in Algebraic Topology, Springer Verlag, 1982.

[2] 陈省身, 陈省身文选——传记、通俗演讲及其他, 科学出版社, 1989.

[3] Goldberg, S.I., Curvature and Homology, Academic Press, 1962.

[4] 克莱因, M., 古今数学思想, 上海科学技术出版社, 1979—1981.

[5] Monastyrsky, M., Riemann, Topology and Physics, Birkhäuser Boston, 1987.

[6] Siegel, C.L., Topics in Complex Function Theory, Wiley-Interscience, 1969.

[7] 谭小江, 复流形, 北京大学油印讲义, 1985.

[8] 伍鸿熙, 吕以辇, 陈志华, 紧黎曼曲面引论, 科学出版社, 1981.

外国数学家译名表

Abel, N. H.	阿贝尔
Alexander, J. W.	亚历山大
Allendoerfer, C. B.	艾伦多弗
Atiyah, M. F.	阿蒂亚
Betti, E.	贝蒂
Bonnet, P. O.	博内
Cauchy, A. L.	柯西
Čech, E.	切赫
Descartes, R.	笛卡儿
Dirichlet, P. G. L.	狄利克雷
Euclid	欧几里得
Euler, L.	欧拉
Gauss, G. F.	高斯
Gelfand, I. M.	盖尔范德
Green, G.	格林
Hilbert, D.	希尔伯特
Hirzebruch, F.	希策布鲁赫
Hodge, W. V. D.	霍奇
Hopf, H.	霍普夫
Klein, (C.) F.	克莱因
Kodaira, K.	小平邦彦 (小平)
Leray, J.	勒雷
Liouville, J.	刘维尔

Noether, (A.) E.	诺特
Poincaré, (J.-) H.	庞加莱
Pontryagin, L.	庞特里亚金
Pythagoras	毕达哥拉斯
de Rham, G.-W.	德 · 拉姆
Riemann, (G. F.) B.	黎曼
Roch, G.	罗赫
Serre, J.-P.	塞尔
Stokes, G. G.	斯托克斯
Thom, R.	托姆
Thompson, J. G.	汤普森
Weierstrass, K. (T. W.)	魏尔斯特拉斯
Weil, A.	韦伊
Weyl, (C. H.) H.	外尔
Whitehead, H.	怀特海

现代数学基础图书清单

序号	书号	书名	作者
1	9787040217179	代数和编码（第三版）	万哲先 编著
2	9787040221749	应用偏微分方程讲义	姜礼尚、孔德兴、陈志浩
3	9787040235975	实分析（第二版）	程民德、邓东皋、龙瑞麟 编著
4	9787040226171	高等概率论及其应用	胡迪鹤 著
5	9787040243079	线性代数与矩阵论（第二版）	许以超 编著
6	9787040244656	矩阵论	詹兴致
7	9787040244618	可靠性统计	茆诗松、汤银才、王玲玲 编著
8	9787040247503	泛函分析第二教程（第二版）	夏道行 等编著
9	9787040253177	无限维空间上的测度和积分 —— 抽象调和分析（第二版）	夏道行 著
10	9787040257724	奇异摄动问题中的渐近理论	倪明康、林武忠
11	9787040272611	整体微分几何初步（第三版）	沈一兵 编著
12	9787040263602	数论 I —— Fermat 的梦想和类域论	[日]加藤和也、黒川信重、斎藤毅 著
13	9787040263619	数论 II —— 岩泽理论和自守形式	[日]黒川信重、栗原将人、斎藤毅 著
14	9787040380408	微分方程与数学物理问题（中文校订版）	[瑞典]纳伊尔•伊布拉基莫夫 著
15	9787040274868	有限群表示论（第二版）	曹锡华、时俭益
16	9787040274318	实变函数论与泛函分析（上册，第二版修订本）	夏道行 等编著
17	9787040272482	实变函数论与泛函分析（下册，第二版修订本）	夏道行 等编著
18	9787040287073	现代极限理论及其在随机结构中的应用	苏淳、冯群强、刘杰 著
19	9787040304480	偏微分方程	孔德兴
20	9787040310696	几何与拓扑的概念导引	古志鸣 编著
21	9787040316117	控制论中的矩阵计算	徐树方 著
22	9787040316988	多项式代数	王东明 等编著
23	9787040319668	矩阵计算六讲	徐树方、钱江 著
24	9787040319583	变分学讲义	张恭庆 编著
25	9787040322811	现代极小曲面讲义	[巴西]F. Xavier、潮小李 编著
26	9787040327113	群表示论	丘维声 编著
27	9787040346756	可靠性数学引论（修订版）	曹晋华、程侃 著
28	9787040343113	复变函数专题选讲	余家荣、路见可 主编
29	9787040357387	次正常算子解析理论	夏道行
30	9787040348347	数论 —— 从同余的观点出发	蔡天新

续表

序号	书号	书名	作者
31	9787040362688	多复变函数论	萧荫堂、陈志华、钟家庆
32	9787040361681	工程数学的新方法	蒋耀林
33	9787040345254	现代芬斯勒几何初步	沈一兵、沈忠民
34	9787040364729	数论基础	潘承洞 著
35	9787040369502	Toeplitz 系统预处理方法	金小庆 著
36	9787040370379	索伯列夫空间	王明新
37	9787040372526	伽罗瓦理论 —— 天才的激情	章璞 著
38	9787040372663	李代数（第二版）	万哲先 编著
39	9787040386516	实分析中的反例	汪林
40	9787040388909	泛函分析中的反例	汪林
41	9787040373783	拓扑线性空间与算子谱理论	刘培德
42	9787040318456	旋量代数与李群、李代数	戴建生 著
43	9787040332605	格论导引	方捷
44	9787040395037	李群讲义	项武义、侯自新、孟道骥
45	9787040395020	古典几何学	项武义、王申怀、潘养廉
46	9787040404586	黎曼几何初步	伍鸿熙、沈纯理、虞言林
47	9787040410570	高等线性代数学	黎景辉、白正简、周国晖
48	9787040413052	实分析与泛函分析（续论）（上册）	匡继昌
49	9787040412857	实分析与泛函分析（续论）（下册）	匡继昌
50	9787040412239	微分动力系统	文兰
51	9787040413502	阶的估计基础	潘承洞、于秀源
52	9787040415131	非线性泛函分析（第三版）	郭大钧
53	9787040414080	代数学（上）（第二版）	莫宗坚、蓝以中、赵春来
54	9787040414202	代数学（下）（修订版）	莫宗坚、蓝以中、赵春来
55	9787040418736	代数编码与密码	许以超、马松雅 编著
56	9787040439137	数学分析中的问题和反例	汪林
57	9787040440485	椭圆型偏微分方程	刘宪高
58	9787040464832	代数数论	黎景辉
59	9787040456134	调和分析	林钦诚
60	9787040468625	紧黎曼曲面引论	伍鸿熙、吕以辇、陈志华
61	9787040476743	拟线性椭圆型方程的现代变分方法	沈尧天、王友军、李周欣

续表

序号	书号	书名	作者
62	9 787040 479263 >	非线性泛函分析	袁荣
63	9 787040 496369 >	现代调和分析及其应用讲义	苗长兴
64	9 787040 497595 >	拓扑空间与线性拓扑空间中的反例	汪林
65	9 787040 505498 >	Hilbert 空间上的广义逆算子与 Fredholm 算子	海国君、阿拉坦仓
66	9 787040 507249 >	基础代数学讲义	章璞、吴泉水
67.1	9 787040 507256 >	代数学方法（第一卷）基础架构	李文威
68	9 787040 522631 >	科学计算中的偏微分方程数值解法	张文生
69	9 787040 534597 >	非线性分析方法	张恭庆
70	9 787040 544893 >	旋量代数与李群、李代数（修订版）	戴建生
71	9 787040 548846 >	黎曼几何选讲	伍鸿熙、陈维桓
72	9 787040 550726 >	从三角形内角和谈起	虞言林

购书网站： 高教书城（www.hepmall.com.cn），高教天猫（gdjycbs.tmall.com），京东，当当，微店

其他订购办法：

各使用单位可向高等教育出版社电子商务部汇款订购。书款通过银行转账，支付成功后请将购买信息发邮件或传真，以便及时发货。购书免邮费，发票随书寄出（大批量订购图书，发票随后寄出）。

单位地址： 北京西城区德外大街 4 号
电　　话： 010-58581118
传　　真： 010-58581113
电子邮箱： gjdzfwb@pub.hep.cn

通过银行转账：

户　　名： 高等教育出版社有限公司
开 户 行： 交通银行北京马甸支行
银行账号： 110060437018010037603

郑重声明